After Effectsで動かす

2Dイラスト ×
アニメーション入門

大平幸輝 / そゐち / 二反田こな

BNN

●After Effects、Photoshopは、Adobe Inc.の登録商標です。
　CLIP STUDIO PAINTは、株式会社セルシスの登録商標です。
　Microsoft、Windowsは、Microsoft Corporationの米国およびそのほかの国における登録商標です。
　Apple、Mac、Macintosh、macOSは、Apple Inc.の米国およびそのほかの国における登録商標です。
　その他、本書に記載されているすべての会社名、製品名、商品名などは、該当する会社の商標または登録商標です。

●本書に記載されているPart1-Part3の内容は、2024年9月時点で最新版であるAfter Effects 2024のWindows版を使用して解説しています。
　また、Part4-1はCLIP STUDIO PRO / Photoshop 2024 / After Effects 2023のMac版、
　Part4-2はCLIP STUDIO PAINT EX / Photoshop 2024 / After Effects 2024のWindows版を使用して解説しています。
　ソフトウェアの仕様やバージョン変更により、最新の情報とは異なる場合もありますのでご了承ください。

●本書の発行にあたっては正確な記述に努めましたが、著者・出版社のいずれも本書の内容に対して何らかの保証をするものではなく、
　内容を適用した結果生じたこと、また適用できなかった結果についての一切の責任を負いません。

はじめに

1枚絵のキャラクターからアニメーションを制作できるソフトウェアの登場以来、イラスト制作者にとって、動画制作は身近なものとなりました。そしてキャラクターのみならず、漫画やパーツを動かして表現するモーショングラフィックスの制作も活発となり、動画共有サイトや広告等でも目にする機会が非常に増えました。

そのことから「イラストを動かしてみたい」と思う人が増えたように感じますが、いざ制作してみようと思っても覚えることが多く、何から作業すればよいのかわからず挫折してしまう人もいると思います。

そこで本書は2Dイラスト×アニメーション制作の入門書として、映像制作では初心者から上級者まで幅広く活用できる上に様々な動きを作ることができるAfter Effectsソフトウェアを使用し、難易度別に分けた3種類の動画の制作方法を解説しています。

そして解説パートに加えて、実際に自らのイラストを動かしたりMV作品などのお仕事で活躍されているクリエイターのメイキングを紹介したパートも収録しています。自分で描いたイラストを動かしたい、あるいは素材を用いてアニメーションを作ってみたいという人に向けて、本書が2Dイラスト×アニメ制作のきっかけになりましたら幸いです。

大平幸輝（Part1〜Part3　著者）

CONTENTS

はじめに	p.003
この本の読み方	p.006
Q&A（初心者が陥りやすい事象と解決法）	p.223
INDEX	p.238

▶ part 1　1枚のキャラクターイラストから動画を制作

1-1	動画制作に必要な素材を用意しよう	p.012
1-2	インターフェイスの役割を知ろう	p.014
1-3	ワークスペースにおける各パネルの配置変更と初期化	p.016
1-4	新規コンポジションを作成する	p.018
1-5	素材を読み込む	p.022
1-6	タイムラインに素材を配置する	p.024
1-7	各レイヤーの位置や大きさを調整する	p.026
1-8	レイヤーを時間経過に沿って動かす（変化させる）	p.032
1-9	レイヤーをアニメのコマ打ち風に動かす	p.044
1-10	エフェクト機能でキャラクターを動かす	p.052
1-11	モーションタイポグラフィを作成する	p.062
1-12	動画をムービーファイルに書き出しする	p.066

▶ part 2　パーツ分けしたイラストから動画を制作

2-1	パーツごとにレイヤー分けした状態のファイルを用意する	p.070
2-2	レイヤー統合していないPSDファイルをAfter Effectsに読み込む	p.072
2-3	素材を配置する	p.080
2-4	キャラクターのパーツごとに動きを加える	p.086

▶ part 3 音楽を使用した長尺の動画を制作

3-1	音声ファイルの再生時間に合わせたコンポジションを作成する	p.116
3-2	背景素材と連番画像のファイルを読み込んでタイムラインに配置	p.118
3-3	2人のキャラクターの動きを作成する	p.122
3-4	背景の動きを作成する	p.136
3-5	エフェクトを使用して雨と雪を作成する	p.144
3-6	架線柱に残像効果を加える	p.150
3-7	調整レイヤーで一部の素材にまとめてエフェクトの効果を加える	p.152
3-8	画面全体に動きを加える	p.154
3-9	編集作業を加える	p.160

▶ part 4 クリエイターによる動画制作メイキング

4-1	動画メイキング1（そゐち）	p.164
4-1-1	コンセプトを決めてラフを制作する	p.166
4-1-2	線画と着彩をしてイラストを仕上げる	p.169
4-1-3	アニメーションを制作する	p.180
4-2	動画メイキング2（二反田こな）	p.190
4-2-1	構想を固めてラフを制作する	p.192
4-2-2	イラストを仕上げ、動かすための素材を制作する	p.195
4-2-3	アニメーションを制作する	p.208

この本の読み方

本書のPart1〜Part3では、サンプル素材を用いて、2Dイラストからアニメーションを制作する工程を解説します。あらかじめお手元にデータをダウンロードの上、本書を読みながら作業を行い、動画を完成させましょう。ステップバイステップで解説しますので、初心者でもAfter Effectsの操作を学びながら作ることができる構成となっています。
続くPart4では、クリエイターによる作品のメイキングを紹介しています。実際にイラストを描いて素材を用意するところから、アニメーションとして動かすところまで、どんな流れで制作しているのかぜひ参考にしてみてください。

▶part 1
1枚に統合された
キャラクターイラストを
使用して動きを
作成する

▶part 2
キャラクターの
パーツごとに分かれた
データを用いて
動きを作成する

▶part 3
キャラクターや背景に
複雑な動きを加え
エフェクトもつけた
音楽つきの動画を
作成する

▶part 4-1
作品・執筆／そゐち
イラスト制作から
アニメーション制作まで
メイキングを紹介

▶part 4-2
作品・執筆／二反田こな
イラスト制作から
アニメーション制作まで
メイキングを紹介

ダウンロードデータについて

本書で解説するサンプルアニメーションの素材とプロジェクトファイルは、下記URLからダウンロードできます。
バージョン：After Effects 2024

 https://bnn.co.jp/blogs/dl/2dixa

データの著作権と使用条件
- データの著作権は作者に帰属します。複製販売・転載・頒布など営利目的の使用、また非営利での配布は固く禁じます。
- 各データの使用によるいかなる損害についても、作者と株式会社ビー・エヌ・エヌは責任を負わないものとします。
- お使いのコンピュータの性能や環境によってはデータを利用できない場合があります。
- 本データにつきましては、一切のサポート等はございませんのであらかじめご了承ください。
- 体験版ソフトでは一部機能制限があるため、正しく動作しませんのでご注意ください。

▶part 1 作例

SNSでの公開をイメージした横長ショート動画の作成。PNGファイルで作成したイラストを、移動・回転・拡大／縮小・変形といった基本機能を使用して、1枚絵に統合されたキャラクターであっても身体を揺らす動きや文字の動きを作成します。

完成動画はこちら

▶part 2 作例

動画共有サイトにおける公開をイメージした縦長ショート動画の作成。部位ごとにレイヤー分けされた状態のキャラクターイラストに変形機能を活用して、髪やしっぽ、脚がそれぞれ動くアニメーションを作成します。

完成動画はこちら

▶part 3 作例

動画共有サイトでの公開をイメージした、音楽つきの長尺動画の作成。尺に合わせてキャラクターや背景の動きをループするように設定し、さらに時間経過に合わせてエフェクト機能で雨や雪が降るといった自然現象、カメラのズームアップやズームバックの演出など画面に変化を加えた動画を作成します。

完成動画は
こちら

▶part 4-1 作例

そゐち氏による、ループ再生する横長動画のメイキング解説。キャラクターの部位ごとに動きを加えて立体感を出す演出や、多彩な表情変化の作成、背景に描かれたヒトダマの動きの作成や、After Effectsで不透明度を活用して点滅やループ再生させる演出を加えた動画を作成します。

完成動画は
こちら

▶ part 4-2 作例

二反田こな氏による、縦長動画のメイキング解説。原画で繰り返す髪の動き、エフェクト機能を使用しての落葉の作成、2人のキャラクターによる会話を意識したまばたきと口パクのタイミング調整、画面内の輝度・コントラスト調整と、After Effectsの多彩な機能を活用して動画を作成します。

完成動画はこちら

操作が少し複雑なところには、制作動画を用意しています。あわせてご参照ください。

ハンドルの操作が紙面上だけではわかりづらいという場合は、こちらの制作動画を参照してみてください。

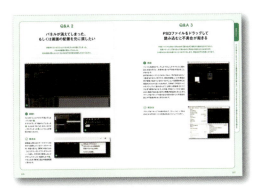

巻末にはQ&Aのページを設け、初心者がつまずきやすいポイントをまとめています。作業中に問題が起きた場合などは、ここを参照してみてください。

▶part 1

**1枚のキャラクターイラストから
動画を制作**

この章では1枚に統合されたキャラクターイラストを使用して、After Effectsで動きを加えて簡単なモーショングラフィックスを作成します。映像サイズや映像時間の設定、イラストに移動・拡大／縮小・回転・変形などの動きを加える方法、文字を作成して動かすモーションタイポグラフィ、そしてSNSや動画共有サイトへアップロードできる動画ファイルの作成まで解説します。

1-1

動画制作に必要な素材を用意しよう

はじめに、動画制作に必要な素材を用意します。
After Effectsで動画制作をする場合、静止画ファイル・動画ファイル・音声ファイル・他ソフトウェアで制作した
ファイルと、様々なファイルを使用することができます。また各ファイルにはそれぞれ保存形式を設定できますが、
こちらもほとんどの保存形式でのファイルを読み込むことができます。
以下に代表的な保存形式を紹介するので素材保存時や素材入手時の参考にしてください。

□ 静止画ファイル

	データ形式	拡張子	レイヤー	特徴
❶	PSD	.psd	◎	Adobe Photoshopソフトウェアの保存形式。After Effectsも同じAdobe製品なので非常に相性がよく、Photoshopで作業したレイヤー分けや透明部分などの状態をそのままAfter Effectsに読み込んで作業を継続できるため、After Effectsでの動画制作に適した保存形式です。
❷	PNG	.png	×	保存の時だけファイル容量を圧縮して小さくしてくれる上に、使用する際は元の状態に戻してくれるという可逆圧縮という方法での保存形式。画像を劣化することなく透明部分もそのまま保存してくれるため、PSD（Photoshopファイル形式）で保存できないペイントソフトを使用して作画したイラストをAfter Effectsに読み込んで使用する際にはおすすめです。ただしPSDファイルのようにレイヤー分けしたまま保存はできないため、PNGで保存すると自動でレイヤーが統合されてしまいます。
❸	JPEG	.jpg	×	スマートフォンやデジタルカメラで撮影した写真などで使用される画像の保存形式。ほとんどのソフトウェアで開くことができる汎用性の高さがある反面、画像を加工して保存を繰り返すと画像が劣化していき、元に戻すこともできない非可逆圧縮という保存形式なので、特別な理由がない限りは使用しないことをおすすめします。
❹	AI	.ai	◎	Adobe Illustratorソフトウェアの保存形式。ベクトル画像という直線と曲線で構成された画像であるため、拡大しても画像が荒れないという特長を持ち、その性質上イラストのサイズは自由な上に、解像度の設定もありません。IllustratorもAdobe製品なので、作業したレイヤー分けや透明部分などの状態をそのままAfter Effectsに読み込むことができます。

❶～❸の3つ（PSD形式、PNG形式、JPEG形式）はビットマップ画像という種類の画像ファイル形式のため、拡大すると画像が荒れてしまうという特徴があります。そのため❶～❸のファイル形式で動画制作に使用するイラストを作成する場合のサイズは、拡大しないことを前提に制作する必要があります。

012

本書での作成動画は、横長の場合、幅1920pixel、高さ1080pixelという「フルハイビジョン」と呼ばれるサイズで作成します。例えば、このサイズの映像に使用する幅1000pixel、高さ1000pixelサイズのキャラクターのみのイラストを作成した場合、動画サイズより小さいですが、拡大して使用することがなければ問題ありません。しかし画面全体を覆う背景で使用するイラストを同様のサイズで制作してしまうと、動画サイズより小さいことから画面全体を覆うことができないため、拡大して覆う必要が出てきます。そうなると背景イラストの画質は拡大に伴い劣化してしまいます。縮小する分には劣化しないので、動画制作に使用するイラストのサイズは動画サイズと同じかそれ以上のサイズ、解像度は200dpi以上で制作すれば特別な理由がない限り拡大する必要がなくなるので、拡大による劣化を防ぐことができるのでおすすめです。

□ 動画ファイル

スマートフォンやデジタルカメラで撮影した映像や、映像の中の音声だけを使用することもできるので、映像を背景として使用することや効果音やセリフを収録して使用することもできます。映像の代表的なファイル保存形式はMP4、MOV、AVIになりますが、保存形式を選択できる場合にはMP4を選んでおけば問題ありません。MP4はスマートフォンで撮影した動画等、幅広く活用されていることで汎用性が高く、画質を極力劣化しないように圧縮してファイルの容量を小さくして保存ができるファイル形式です。

□ 音声ファイル

音声の代表的なファイル保存形式はMP3、WAV、AACとありますが、音声ファイルを使用権フリーサイトや著作権ロイヤリティフリーのサイト等で入手する際、保存形式を選択できる場合はMP3を選んでおけば問題ありません。MP3は人間には聞き取れない音を削除してファイル容量を小さくして保存ができるファイル形式です。

□ 他ソフトウェアのファイル

Live2DやCinema 4Dといった他のソフトウェアで保存したファイルも一部読み込むことができます。ただし、その場合は特別な読み込み方法となるため、場合によってはAfter Effectsに追加機能（プラグイン）をインストールする必要があります。詳しくは各ソフトウェアのWebサイトで確認してみてください。

1-2

インターフェイスの役割を知ろう

作業を始める前にAfter Effectsの各パネル（インターフェイス）から紹介します。

1 プロジェクトパネル

ここに静止画・動画・音声・他ソフトウェアで作成したファイル等、使用する素材を読み込みます。
読み込みだけでなく、素材の再読み込み・読み込んだ素材を他の素材と置き換える・素材の設定変換等もこのパネルで行います。

2 タイムラインパネル

プロジェクトパネルに読み込んだ素材をこのパネルの中に配置して、レイヤーとして重ねて合成します。
また、レイヤーを移動させる、徐々に小さくする、変形させるといったように時間による動きの変化もここで作成・操作します。

3 コンポジションパネル

タイムラインパネルで組み立てた結果がここに表示されます。
また、この中で直接素材を移動させることや大きさを変えるといったこともできます。

4 ツールパネル

素材を移動させる・大きさを変える・回転させるといった、様々な作業を行うためのツール（道具）が収まっています。
必要に応じてツール（道具）を持ち替えて使用します。
コンポジションパネル上での素材の移動・大きさの変更などを行う際には特に使用します。

5 エフェクト＆プリセットパネル

選択することでパネルが開閉し、エフェクト（特殊効果）を加える機能の一覧が確認できます。
エフェクトがあらかじめ組み合わせられた「プリセット」も用意されています。

6 エフェクトコントロールパネル

エフェクトを使用すると、自動でこのパネルが現れます。
エフェクトの詳細設定や、複数のエフェクトを使用した時の使用順を変更することができます。

7 プレビューパネル

タイムラインパネルで作成した動きをコンポジションパネルで再生してチェックする際に使用します。
プレビューと呼ばれるこの確認作業は非常に重要で、ミスがないかをチェックするためにも繰り返しプレビューします。

8 ワークスペース

パネルの表示位置をカスタマイズする際に使用します。
初期設定の「デフォルト」やアニメーション制作時に便利な「アニメーション」設定、エフェクト使用時に便利な「エフェクト」といったように、作業に合わせたワークスペースが用意されていますが、初めは「標準」をおすすめします。

1-3

ワークスペースにおける各パネルの配置変更と初期化

1-2で選択したワークスペースから、さらに細かく各パネルの大きさや配置を変更することもできます。
これにより、自分にとって作業が行いやすい配置へと変更できますが、意図せずうっかり動かしてしまったり、
または重要なパネルを消してしまったりすることが起こりうるため、
その時の対処法として、パネルの配置変更方法と元の配置に戻す初期化の方法を覚えておきましょう。

各パネルのタブ部分をドラッグすることで、好きな配置へと移動させることができます。

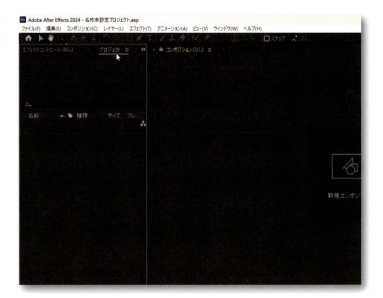

パネルの境界部分をドラッグすることで、各パネルの大きさを変更することができます。

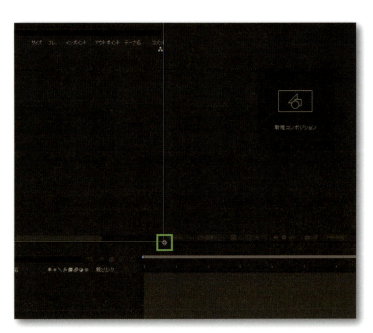

パネルの左上にある［×］をクリックすると、そのパネルを閉じて消すことができます。

元のワークスペースに戻したいという時は、［ウィンドウ］メニュー＞［ワークスペース］＞［（選択しているワークスペースの名前）を保存されたレイアウトにリセット］を選択します。もしくは、画面右上のワークスペースの中から選択している設定の右側にある［≡］のボタンをクリックして［保存したレイアウトにリセット］を選択すると、ワークスペースが初期の配置に戻ります。

1-4

新規コンポジションを作成する

ここから動画作成作業のスタートです。
After Effectsで作業の土台となるのが「コンポジション」です。このコンポジションを作成する際に、動画サイズや時間の長さ等の設定をします。

STEP1 新規コンポジションを作成する

新しいコンポジションを作成するには、コンポジションパネル内にある「新規コンポジション」を選択するか❶、[コンポジション] メニュー＞[新規コンポジション] を選択します❷。
また、プロジェクトパネル下部にある[新規コンポジションを作成]ボタンをクリックしても、同様に新しいコンポジションが作成できます❸。

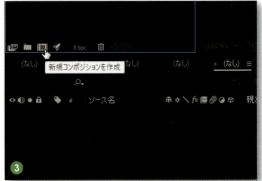

STEP2 コンポジション名を入力する

コンポジションの各設定を入力するダイアログボックスが表示されるので、ここで各項目の設定を行います。
まずは作成するコンポジションに名前をつけます。今回は「動画制作part1」と入力します。

STEP3 動画サイズと1秒間に表示する
静止画の枚数を設定する

作成する動画のサイズと、1秒間に表示する静止画の枚数を設定します。

［幅］と［高さ］で動画のサイズを設定します。［フレームレート］では1秒間に表示する静止画の枚数を設定します。

そして最終的に完成した動画を、どこで何によって再生・公開するかに合わせて設定を決める必要があります。本書では最も需要があると思われるSNSや動画共有サイトといったソーシャルメディアで再生・公開する設定として、1秒間30枚の表示設定で作業を進めます。またPart1では横長の動画を作成する設定にします。

［プリセット］の項目をクリックすると、各動画の設定一覧がプルダウンメニューで表示されるので、その中から「ソーシャルメディア（横長HD）1920×1080・30fps」を選択します❶。

するとサイズと1秒間の表示枚数、合わせてピクセル縦横比などがソーシャルメディア用に自動で設定されます❷。

POINT 動画はそもそも静止画の集まりでできています。そして少しずつ変化している静止画を連続してパラパラとめくると動いて見えるパラパラ漫画と同じように、動画も静止画がパラパラと入れ替わり表示することで、動いているように見せています。遅くパラッパラッとめくると動きが遅くカクついて見え、パラパラパラと早くめくると動きが速く滑らかに見えるように、1秒間に何枚の静止画を表示するかによって動画の見え方が変わってきます。

STEP4 動画の再生時間を設定する

続いて作成する動画の再生時間を設定します。

［デュレーション］という項目が動画の再生時間の設定部分になるのですが、表記が「●：●●：●●：●●」となっています。これは左から順に「時間：分：秒：フレーム」を表しています。例えば1時間2分34秒の動画を作成したい場合は「1:02:34:00」と設定します。一番右のフレーム部分は何かというと、1秒以下の時間設定になります。先ほどの設定作業によって1秒間に表示する静止画の枚数［フレームレート］が「30」に設定されていると思います❶。

この設定から1秒間に30枚の静止画表示でできているということになり、1秒以下の再生時間を設定したい場合は、この静止画の表示枚数換算で数値を入力します。例えば0.5秒であれば30枚の半分の「15」、0.2秒であれば30の1/5で「06」となります。1時間2分34.5秒の動画を作成したい場合は「1:02:34:15」と入力することになります。今回Part1では6秒の動画を作成するので「0:00:06:00」と入力します❷。

これで全てのコンポジション設定が決まったのでOKボタンを押して確定すると、コンポジションが作成されます❸。

POINT

コンポジションの設定は後からいくらでも変更することが可能です。

変更したい場合はプロジェクトパネルにある「動画制作part1」コンポジションを選択した状態で[コンポジション] > [コンポジション設定]を選択します①。

コンポジションを選択した状態で右クリックしても同様に[コンポジション設定]を選択することができます②。すると、先ほどのコンポジション設定ダイアログボックスが再び表示されます。

一度作成したコンポジションの設定を変更する際には、このように[コンポジション設定]を選択します。

1-5

素材を読み込む

コンポジションの作成が終わったら、動画制作に必要な素材（ファイル）をプロジェクトパネルに読み込みます。
ここからはサンプルファイルを使用して実際の制作と同じように作業を進めてみましょう。
Part1では、極力シンプルな作業で動画作成を行います。
そのためイラスト素材もレイヤー統合されたシンプルなPNG保存形式のイラストとなっています。

Background.png　　　　　　　　　　　Chocomi Mint.png

Kirakira.png　　　　　　Lightning1.png　　　　　　Lightning2.png

STEP1 複数の素材を読み込む

動画制作で使用する素材を読み込むには［ファイル］メニュー＞［読み込み］＞［複数ファイル］を選択します。
1回の読み込みで終了する場合は［読み込み］＞［ファイル］を選択しますが、通常の作業では複数の素材を使用するので、［複数ファイル］を選択します。「終了」ボタンを押すまで、何度でもダイアログボックスが再表示され、次々に素材を読み込むことができるので便利です。
また、プロジェクトパネル内で右クリックしても同様に読み込みを行うことができます❷。
表示されるダイアログボックスで、読み込みたいファイルの保存場所から素材を選択して「読み込み」を押せば読み込みが完了します。まずはChocomi Mint.pngを選択します。

この時、ダイアログボックス右下の［コンポジションを作成］にチェックが入っている場合はクリックして外してから、［読み込み］を選択してください❸。

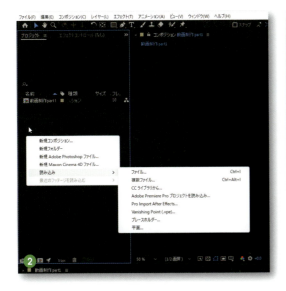

STEP2 読み込まれたファイルを確認する

読み込まれたファイルは［プロジェクトパネル］に表示されます。また、選択状態であればパネル上部に小さく画像表示とファイルサイズ等の詳細が表示されます❶。
上記の方法でサンプルファイルの［part1］＞［part1_sample］フォルダの中にあるPNG素材をすべて読み込みます。**Lightning1.png**もしくは**Lightning2.png**を読み込む際にはファイルの読み込みダイアログボックス右側にある［PNGシーケンス］にチェックマークが入っている場合があります。その場合はチェックを外した状態にして読み込んでください❷❸。
これは名前に番号が振られているファイルをまとめて1つにして読み込む機能で、今回はファイルをすべて単体で読み込むため外します。（詳しくはp.121のPOINTで解説しています。）もし読み込み間違えた場合はそのファイルをプロジェクトパネルからいったん削除して、再度読み込んでください。
これでプロジェクトパネルに素材が読み込まれました❹。

1-6

タイムラインに素材を配置する

プロジェクトパネルに読み込んだ素材を、タイムラインに「レイヤー」として配置します。
レイヤーの配置は、素材の重ね方が重要です。
またタイムラインに配置することで、素材の位置や大きさを変更したり、
時系列に沿って動きをつける作業を進めることができるようになります。

STEP1 キャラクターを配置する

まずはキャラクターイラストである**Chocomi Mint.png**の素材をタイムラインパネルに配置しましょう。配置したい素材を［タイムラインパネル］にドラッグ＆ドロップして配置するか❶、プロジェクトパネル内に作成されている「動画制作part1」コンポジションにドラッグします❷。
これで素材がレイヤーとしてタイムラインパネルに配置されました❸。

STEP2　背景を配置する

次に背景イラストである**Background.png**の素材をタイムラインパネルに配置します。

タイムラインパネルでは下に配置したレイヤーほど画面奥に表示されます。背景はキャラクターの奥に配置したいため、タイムラインパネルでは**ChocomiMint.png**レイヤーの下に配置します❶。また、重ね順を入れ替えたい場合は、タイムラインパネル上でレイヤーをドラッグすれば入れ替えることができます❷。

STEP3　すべての素材を配置する

他の素材も配置していきます。
重ね順は、下から**Background.png→Chocomi Mint.png→Kirakira.png→Lightning1.png→Lightning2.png**の順となるようにタイムラインパネルに配置します。
これですべての素材がレイヤーとしてタイムラインパネルに配置されました。

STEP4　プロジェクトファイルを保存する

いったんここまでの作業を保存しましょう。
　[ファイル]＞[保存]を選択し❶、プロジェクトファイルの名前を「Part1.aep」として保存します。保存場所は、他の素材と同じ場所になるよう「part1_sample」フォルダ内に保存しましょう❷。
保存はこまめに行いましょう。マシントラブルが起きた場合でも保存したプロジェクトファイルを開けば、再び作業の途中から始めることができます。

1-7

各レイヤーの位置や大きさを調整する

タイムラインパネルに配置しただけでは、各レイヤーの大きさや位置はバラバラです。
意図したとおりの画面になるように、各レイヤーの位置や大きさを調整しましょう。

STEP1 コンポジションパネルの表示を調整する

まずは作業がしやすいようにコンポジションパネルの表示を調整します。
表示を拡大／縮小したい場合は［コンポジションパネル］左下にある［拡大率］を変更します❶。また、［ツールボックス］＞［ズームツール］を使用しても同様に拡大／縮小が可能です❷。ほかにも、マウスホイールを回転させて行うこともできます。
この時、コンポジションパネル下部にある［解像度］設定が［自動］になっている場合は、拡大／縮小に合わせてコンポジションパネルの画質が自動で変化します。解像度設定は、PCの動作が遅くなるときなどに設定を変更することで作業を円滑にすることができます。今回は、拡大／縮小に関係なく最高画質でコンポジションパネルを表示させたいので、［フル画質］に設定します❸。

コンポジションパネル上で表示させたい部分を移動したい場合は［ツールボックス］＞［手のひらツール］を選択するか❹、スペースバーを押すことでカーソルが手のひらになり、その状態でコンポジションパネル内の画面を直接ドラッグすれば表示箇所をスライドさせることができます❺。

STEP2 コンポジションパネルでレイヤーの位置を調整する

各レイヤーの位置を調整する場合は、コンポジション内で直接レイヤーをドラッグで動かす方法が最も簡単です。まずはタイムラインの位置調整したいレイヤーを選択します。この時、STEP1で手のひらツールのままになっている場合はツールボックスから［選択ツール］に変更して選択します❶。
今回はChocomi Mint.pngレイヤーを動かしたいので、タイムライン上のChocomi Mint.pngを選択します❷。するとコンポジションパネル内でChocomi Mint.pngレイヤーのエッジが枠となって表示されるので❸、その枠内で選択ツールでドラッグするとレイヤーを移動させることができます❹。

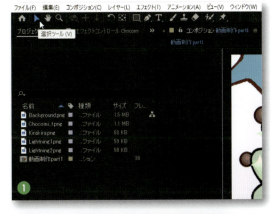

もし作業を1つ前に戻したいというときは［編集］＞［○○の取り消し］を選択すると作業を戻ることができます❺。連続で選択すれば数十回前に戻ることも可能です。

POINT

タイムラインパネルに配置したレイヤーをダブルクリックすると、そのレイヤーのみを表示する［レイヤーパネル］がコンポジションパネルと同じ位置に開きます。同じようにプロジェクトパネル内の素材をダブルクリックすると［フッテージパネル］が開きます。
合成結果を表示するコンポジションパネルとレイヤーのみを表示するレイヤーパネル、素材のみを表示するフッテージパネルとの切り替えは、各パネルの左上のタブをクリックして切り替えます。どのパネルも似たような画面となるため、突然他のレイヤーが消えたように見えて勘違いしやすいので注意しましょう。

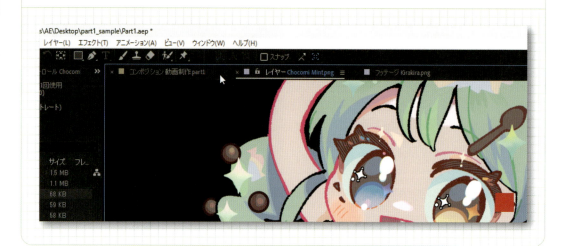

STEP3　レイヤーの大きさを調整する

続いて、各レイヤーの大きさを調整します。
先ほどのレイヤー移動と同様に、選択したレイヤーのエッジに表示される枠の角をドラッグすることで大きさを変えることもできますが、ドラッグの際に[Shift]キーを押さないとレイヤーの縦横比が変わってしまうので注意が必要です❶。

確実に縦横比固定のまま大きさを変更したい場合は［タイムラインパネル］内のレイヤー左側にある［>］をクリックして、［トランスフォーム］プロパティグループを表示させます❷。
さらに［トランスフォーム］左側にある［>］をクリックしてレイヤーのアンカーポイント（中心軸）／位置／スケール（大きさ）／回転（角度）／不透明度といった、各プロパティ（設定項目）を表示させます❸。

この各プロパティを操作してレイヤーの各設定を調整します。プロパティを調整するには2つの方法があります。
1.数値部分をドラッグして左右に動かす（❹）
2.数値部分をクリックして直接数値を入力する（❺）
ここでスケールの数値を変更すると、縦横比固定のままで大きさを変えることができます。

各レイヤーの配置をそれぞれ調整します。変更したプロパティは以下になります❻。
これによって各素材がうまく配置されました❼。

Lightning2.png
位置　892.0, 692.0

Lightning1.png
位置　410.0, -74.0
スケール　75.0%
回転　0x-51.0°

Kirakira.png
位置　928.0, 520.0
スケール　50.0%

Chocomi Mint.png
位置　1109.0, 578.0
スケール　60.0%

Background.png
変更なし

 POINT

コンポジションパネルの各レイヤーの一番左側にはいくつかのスイッチがあります。
目のマークのスイッチは、そのレイヤーの表示／非表示を切り替えることができます。
●のマークは、そのレイヤーのみを表示することができます。
鍵マークは、レイヤーの内容を変更できないようにロックをかけることができます。

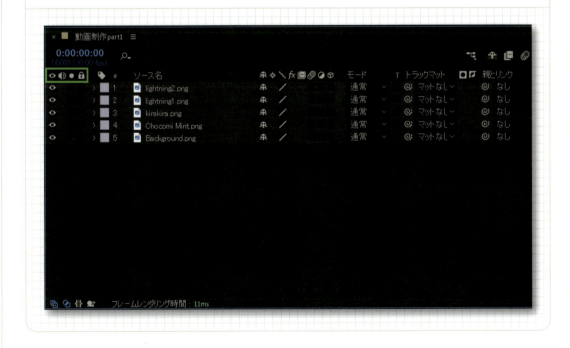

1-8

レイヤーを時間経過に沿って動かす
（変化させる）

レイヤーが右から左へ移動する、徐々に大きくなる、だんだんと透明になって消えていく…といった変化を時間経過とともに加える場合は「キーフレーム」を使用します。変化には始まりと終わりがあります。この変化の始点と終点に「キーフレーム」と呼ばれる目印を打ち込み、始点での状態と終点での状態をAfter Effectsに覚えさせることで、始点と終点の間の動きを自動で作成してくれます。

STEP1 レイヤーを直線移動させる

Chocomi Mint.pngレイヤーを直線移動させます。まず、現在の時間を確認します。
現在の時間はタイムラインパネル左上に数値で表示されています❶。時間は［0:00:00:00］となっていますが、タイムラインパネル内にある［現在の時間インジケーター］バーの上部をドラッグして左右に動かすことで現在の時間を移動することができます❷。
今回は0秒目からChocomi Mint.pngレイヤーを動かしたいので、現在の時間を0秒目になるように［現在の時間インジケーター］を一番左まで動かしたら、タイムラインパネル内のChocomi Mint.pngレイヤーを選択し、続いてコンポジションパネル内でChocomi Mint.pngを直接ドラッグして画面左下の画面外へと移動させます。位置プロパティの数値は「-143.0, 1778.0」です❸。

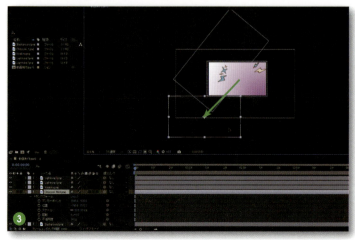

動き始めの時間と位置が決まったところでレイヤーの位置プロパティにキーフレームを作成して始点の位置をAfter Effectsに覚えさせます。Chocomi Mint.pngレイヤーの［トランスフォーム］プロパティグループを開き、［位置］の左横にあるストップウォッチマークをクリックします❹。するとタイムライン上の［位置］の0秒目部分に［◇］の形をしたキーフレームが作成され、これで0秒目の［位置］の数値をAfter Effectsが覚えたことになりました。

続いて動きの終点となる時間と位置を覚えさせます。終点は1秒目にしたいので［現在の時間インジケーター］を［0:00:01:00］に移動させます❺。

タイムラインパネル内でChocomi Mint.pngレイヤーを選択していることを確認したら、コンポジションパネル内でChocomi Mint.pngレイヤーをドラッグして画面内右側に移動させます❻。位置プロパティの数値は「1505.0, 594.0」です。するとレイヤーの中心に軌道を表すような線が現れ、タイムラインパネルでは自動で［キーフレーム］が作成されます❼。

これで動きの始点と終点を覚えさせたことになり、間の動きも自動作成されています。[現在の時間インジケーター]を移動させると動いているのが確認できます❽。

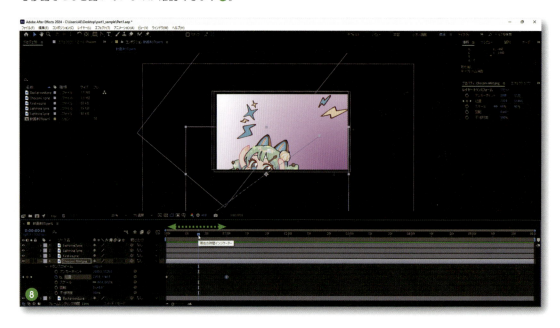

STEP2　再生して確認しつつ速度を調整する

ここでいったん、動画を再生して見てみましょう。画面右上にある[プレビュー]のタブを選択すると[プレビューパネル]が表示されるので❶、再生／停止ボタンである[▶]ボタンを押すと現在の時間から動画がリアルタイムでループ再生されます❷。

動きの速度を調整したい場合は、タイムラインパネルに作成した[キーフレーム]を直接ドラッグして調整します。始点と終点の間は短ければ早く、長ければゆっくりと移動するようになります。今回は始点のキーフレームを[0:00:00:10]の時間へと移動して少し移動を早くします❸。

034

再び動画を再生すると、今度は終点の位置でピタッと急に移動が止まっているのが気になります。そこで終点に近づくにつれだんだんと減速して止まるようにします。

移動速度の調整はグラフエディターで行います。タイムラインパネル上部の［グラフエディター］ボタンをクリックします❹。そしてキーフレームを作成している位置プロパティを選択していると赤い線と緑の線のグラフが表示されます❺。このグラフでは速度調整は難しいので、グラフの種類を変更します。タイムラインパネル下部の［グラフの種類とオプションを選択］ボタンを選択し、［速度グラフを編集］を選択します。するとグラフが一本の白い線になりました❻。

今回は終点の方をゆっくり止まるようにしたいので、終点のキーフレームを選択します❼。
選択するとキーフレームから黄色いハンドルが出てくるので、そのハンドルの先端にある［●］部分をドラッグして一番下に移動させます❽。これで一番下（速度0）に向かってゆっくりと速度が落ちていくというグラフ設定になりました。この段階でプレビューパネルで動画を再生してみると、ゆっくり止まる動きに変化したことが確認できます。

ハンドルの先端を左右にドラッグするとハンドルの長さを調整することができ、そのハンドルの長さによって終点のどれくらい前から減速を始めるかを調整できます❾。
また、タイムラインパネル右下部にある［イージーイーズイン］ボタンを押すと終点から約33％前から減速を自動で作成してくれます。今回はイージーイーズインを使用して減速を設定します❿。

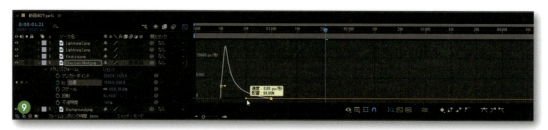

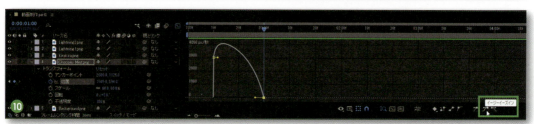

 元の減速のない状態に戻したいときは、タイムラインパネル下部にある［選択したキーフレームをリニアに変換］ボタンをクリックします。

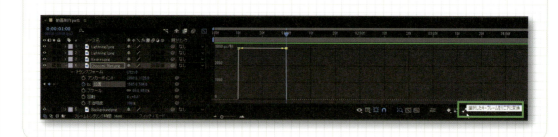

STEP3 移動先を追加する

現在は始点と終点の2点間を移動するだけになっていますが、移動先を追加することもできます。
今回はChocomi Mint.pngレイヤーに2段階の動きを加えたいので、移動先を追加します。現在の時間を［0:00:01:15］に移動したらChocomi Mint.pngレイヤーをコンポジションパネルで直接ドラッグで動かし画面中央付近に移動します❶。位置プロパティは「1109.0, 578.0」です。するとキーフレームが自動で作成され、各キーフレーム間を移動する動きが作成されました。

また、タイムラインパネルの位置プロパティを選択すると速度グラフも追加されていることが確認できます。この追加された部分のグラフも加速／減速を設定します。手動で調整もできますが、今回は自動設定を使用します。追加した終点を選択し、タイムラインパネル右下部の［イージーイーズイン］ボタンを押して減速を設定します❷。
次に中間地点となったキーフレームを選択し、タイムラインパネル右下部の［イージーイーズ］ボタンを選択します❸。
イージーイーズは中間始点のキーフレームにおいて前キーフレームからの動きに対して減速を、次のキーフレームへの動きに対して加速を加えてくれる機能です。プレビューパネルから動画を再生して確認すると、レイヤーの動きが滑らかになっていることが確認できます。

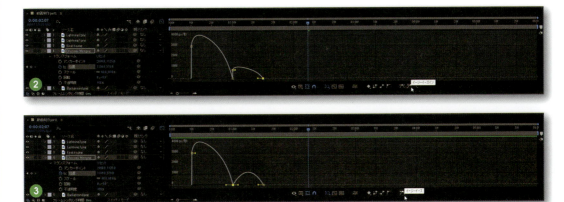

POINT 次のキーフレームへの動きのみに加速を加えたい場合は［イージーイーズアウト］ボタンを使用します。

STEP4 動きの軌道を調整する

各キーフレーム間の動きが直線なので、この動きにカーブを加えて調整します。
タイムラインパネルで**Chocomi Mint.png**レイヤーを選択すると、コンポジションパネルにレイヤー中心点の軌道が表示されます❶。
もし表示されないという場合はタイムラインパネル下部の［マスクとシェイプのパスを表示］ボタンをクリックしてオン／オフと切り替えてみてください❷。

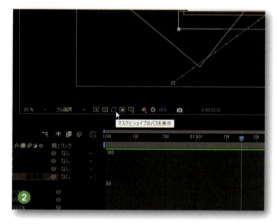

軌道はまっすぐとなっているので、カーブをつけて動きに変化を加えます。
画面左上の［ツールボックス］から［ペンツール］を長押しするとプルダウンメニューが表示されるので、その中から［頂点を切り替えツール］を選択します❸。
始点のキーフレームから延びる軌道にカーブを加えます。コンポジションパネルで始点のキーフレームをドラッグするとハンドルが表示されるので、そのハンドルを動かしてカーブを調整します❹。

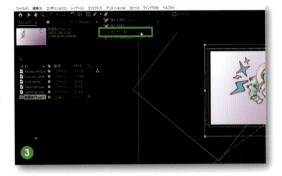

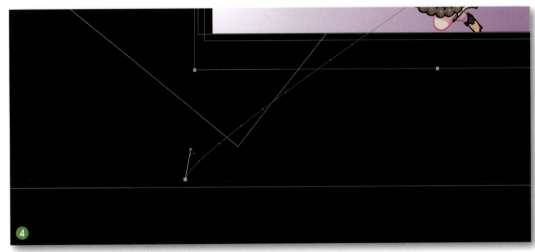

また、このハンドルはキーフレームの選択を外すと非表示となりますが、再度キーフレームを選択すれば出てきます。その際に［頂点を切り替えツール］のままキーフレームをクリックしてしまうとハンドルを削除してしまいます❺。
再度選択する場合は画面左上のツールボックスから［選択ツール］を選択し、キーフレームを選択するようにしましょう❻。

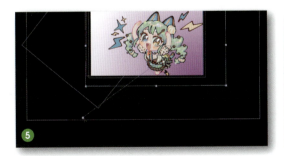

続いて中間のキーフレームにハンドルを表示して軌道を調整します。

　［頂点を切り替えツール］で中間地点のキーフレームをドラッグしてハンドルを表示します。中間地点のため、前のキーフレームからの軌道調整ハンドルと、次のキーフレームへの軌道調整ハンドルの2つのハンドルが表示されます❼。

　一度表示し終えたハンドルを再度動かして調整する場合、［選択ツール］に持ち替えた後にハンドルの先端をドラッグすると前後のハンドルを同時に調整することができます❽。

　また、［頂点を切り替えツール］でどちらかのハンドルの先端をドラッグすると、ハンドルを個別に調整することができるようになります❾。

　個別に調整できる状態にしたハンドルを元の同時調整できる状態に戻すには、［頂点を切り替えツール］のままもう一度ハンドルを動かすと元の状態に戻ります。そのため、個別に調整できる状態のまま各ハンドルをさらに調整する際は、［選択ツール］に持ち替えて調整すると便利です❿。

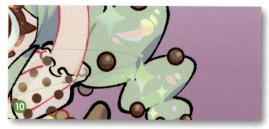

始点から中間点、中間点から終点の各軌道を放物線を描くように調整します。この時、タイムラインパネルで［現在の時間インジケーター］を動かすと、時間経過とともに軌道上をレイヤーの中心点が移動しているのが確認できます⓫。

今回は画像⓬のように軌道を調整します。

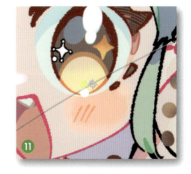

ハンドルの操作が紙面上だけではわかりづらいという場合は、こちらの制作動画を参照してみてください。

STEP5 動きを組み合わせる

移動だけでは単調になるので、回転の動きも加えてみます。
タイムラインパネル上部の［グラフエディター］ボタンを押してタイムラインを元の表示に戻します❶。
Chocomi Mint.pngレイヤーの回転プロパティに、それぞれの時間において右記の数値を加えて回転動作を加えます❷。

[0：00：00：10]	0x−90.0°
[0：00：01：00]	0x+19.0°
[0：00：01：15]	0x+0.0°

回転のキーフレームにも位置のキーフレームと同様に加速／減速調整を加えます。
タイムラインパネル上部の［グラフエディター］ボタンを押して速度グラフ画面に切り替えて回転プロパティを選択し❸、表示された中間点のキーフレームを選択してタイムライン右下部にある［イージーイーズ］ボタンで減速／加速を加え、終点のキーフレームを選択し［イージーイーズイン］ボタンで減速を加えます❹。

タイムラインパネル上部の［グラフエディター］ボタンを押してグラフエディターを閉じると、キーフレームの形が変化していることが確認できます❺。

通常のキーフレームは［◇］ですが、速度調整を行ったキーフレームは行った方向部分が［＞］とへこんだ形になります。左側のみに速度調整を行ったキーフレームは左側のみがへこみ❻、左側・右側どちらにも速度調整を行ったキーフレームは左右ともにへこんでいます❼。今回は作成していませんが、右側のみに速度調整を行えばキーフレームも右側のみがへこみます❽。

これでChocomi Mint.pngレイヤーの動きは完成です❾。

1-9

レイヤーをアニメのコマ打ち風に動かす

1-8では、レイヤーに始点・終点といったキーフレームを2つ以上作成すると自動で間の動きが作成され、
その動きは経過する時間の全てで動いており、とても滑らかな動きになっていました。
これを時間経過全てで動かすのではなく、一定時間が経過するたびに動かすといった、
アニメ風のカクカクとした動きにすることができます。
これを「コマ打ち」といい、そのコマ打ちの方法を解説します。

STEP1 Kirakira.pngレイヤーに拡大／縮小を加える

Kirakira.pngレイヤーをコマ打ちで繰り返し拡大／縮小させます。
その際に他のレイヤーによってKirakira.pngレイヤーが見えにくい場合は、今回使用しないレイヤーを非表示にしておくと便利です。タイムラインパネルに配置しているレイヤーの一番左に目のアイコンがあります❶。この目のアイコンをクリックして表示／非表示を切り替えられるので、今回は作業をわかりやすくするためKirakira.pngレイヤーとBackground.pngレイヤーのみ表示としておきます❷。

Kirakira.pngレイヤーの［トランスフォームプロパティグループ］を表示して［スケール］プロパティを選択します❸。
するとコンポジションパネル中央に選択したレイヤーの中心点［アンカーポイント］が表示されます❹。
もし表示されないという場合はタイムラインパネル下部の［マスクとシェイプのパスを表示］ボタンをクリックしてオン／オフと切り替えてみてください❺。

この状態でKirakira.pngレイヤーのタイムラインパネルにあるスケールプロパティの数値を変化させると、アンカーポイントに対して拡大／縮小しているのが確認できます。

このままKirakira.pngレイヤーを繰り返し拡大／縮小させると、それに合わせてアンカーポイントに近づいたり遠ざかったりする動きまで加わってしまいます。今回は位置はそのままで、その場で繰り返し拡大／縮小させたいのでアンカーポイントを移動させます。
アンカーポイントの移動は［アンカーポイントツール］を使います。画面左上のツールパネルから［アンカーポイントツール］を選択します❻。

045

プロジェクトパネル内に表示されているKirakira.pngレイヤーのアンカーポイントをドラッグすると動かせるので、2つの星が描かれている中間くらいに移動させます❼。移動先のアンカーポイントプロパティの数値は「200.0, 547.0」です。これでその場で拡大／縮小ができるようになりました。

Chocomi Mint.pngレイヤーを表示させてプレビューパネルで動画を再生すると、Kirakira.pngレイヤーが最初から表示されていることが気になります❽。今回はChocomi Mint.pngレイヤーが動き終わると同時にKirakira.pngレイヤーを表示させて動かしたいので、表示のタイミングを調整します。
タイムラインパネルでKirakira.pngレイヤーのデュレーションバー左端部分にカーソルを移動させると［↔］にカーソルが変化します❾。この状態で右方向へドラッグするとデュレーションバーを短くすることができます❿。するとデュレーションバーがなくなった部分ではKirakira.pngレイヤーが表示されなくなったことが確認できます⓫。

046

このデュレーションバーは端をドラッグして短くすることで非表示の時間を作り出すことができます。**Kirakira.png**レイヤーは**Chocomi Mint.png**レイヤーが動き終わる［0:00:01:15］から表示させたいので、そこまでデュレーションバーの左側を短くします⓬。

STEP2　コマ打ちで繰り返し拡大／縮小を行う

ここからコマ打ちで繰り返し拡大／縮小を行います。
スケールプロパティの数値［50％］で、［0:00:01:15］の時間にスケールプロパティの左側にあるストップウォッチマークをクリックしてキーフレームを作成します❶。
続いて［0:00:02:00］の時間でスケールプロパティの数値を「25.0」と入力します❷。すると自動でキーフレームも作成されます。さらに右記のタイミングでキーフレームを追加していきます❸。

[0:00:02:15]	50.0
[0:00:03:00]	25.0
[0:00:03:15]	50.0
[0:00:04:00]	25.0
[0:00:04:15]	50.0
[0:00:05:00]	25.0
[0:00:05:15]	50.0

プレビューパネルで再生すると、キーフレームとキーフレームの間の時間全てを使用して拡大／縮小を繰り返しているため、その動きはとてもなめらかです。今回はコマ打ちでアニメ風の動きにしたいため、作成したキーフレーム全てに対して「キーフレーム間の動きは作成しない」という設定に切り替えます。

まずはスケールプロパティに作成したキーフレーム全てを選択します。キーフレームの複数選択はカーソルをドラッグしてすべてのキーフレームを囲って選択でもできますが❹、おすすめはスケールプロパティ自体を選択することです❺。するとそのプロパティに作成したキーフレームは全選択となります。

スケールプロパティのキーフレームを全選択したら、選択したどれかのキーフレームにカーソルを合わせて右クリック＞［停止したキーフレームの切り替え］か❻、［アニメーション］メニュー＞［停止したキーフレームの切り替え］を選択します❼。

するとキーフレームのマークが変化し、右側が平らになります❽。この平らになった意味は、平ら方向にある次のキーフレーム間の動きは作らずにずっと停止にするという意味になります。

この状態でプレビューパネルで再生すると、キーフレーム間の動きが停止となり、キーフレーム自体の動きだけとなるためアニメ風のコマ打ちされた動きになりました。

048

STEP3 同様に他のレイヤーにも動きを加える

同様にLightning1.pngレイヤーとLightning2.pngレイヤーもコマ打ち風に動かします。
Lightning1.pngレイヤーのアンカーポイントをアンカーポイントツールで稲妻右先に移動させ❶、Lightning2.pngレイヤーのアンカーポイントは稲妻左先に移動させます❷。
どちらのレイヤーもKirakira.pngレイヤー同様に［0:00:01:15］から表示させたいので、デュレーションバーの右端をドラッグして短くします❸。

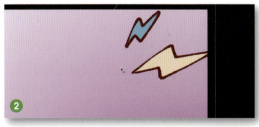

各レイヤーの各プロパティに数値を入力してキーフレームを作成します。
Lightning1.pngレイヤーのそれぞれの時間における回転プロパティは右記のとおりです。
キーフレームを作成したら選択したどれかのキーフレームにカーソルを合わせて右クリック＞［停止したキーフレームの切り替え］か、［アニメーション］メニュー＞［停止したキーフレームの切り替え］を選択して間の動きを停止にします❹。

[0:00:01:15]	0x-51°
[0:00:02:00]	0x-35°
[0:00:02:15]	0x-51°
[0:00:03:00]	0x-35°
[0:00:03:15]	0x-51°
[0:00:04:00]	0x-35°
[0:00:04:15]	0x-51°
[0:00:05:00]	0x-35°
[0:00:05:15]	0x-51°

Lightning2.pngレイヤーの位置プロパティと回転
プロパティにもキーフレームを作成して動かしますが、
Lightning1.pngレイヤー同様に繰り返しの動きになる
ので、コピー＆ペーストを活用することもできます。
まずは右記の4つのキーフレームを作成します❺。

[0:00:01:15]
　位置　1468.0, 288.0
　回転　0x-0.0°
[0:00:02:00]
　位置　1540.0, 644.0
　回転　0x-65.0°

その4つのキーフレームをドラッグで囲む、もしくは[Ctrl]キーを押しながら[位置]と[回転]プロパティを複数選択し
て4つのキーフレーム全てを選択し、[編集]メニュー＞[コピー]を選択します❻。
現在の時間インジケーターを[0:00:02:15]まで移動したら[編集]メニュー＞[ペースト]を選んで貼り付けます❼。

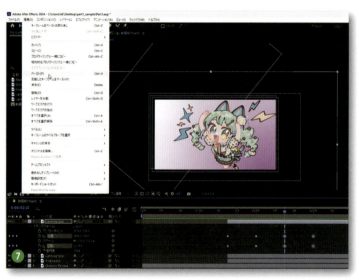

これでコピー＆ペーストができたので、同じ要領で右記のキーフレームを作成します❽。

作成した位置・回転プロパティの全てのキーフレームを選択したらどれかのキーフレームにカーソルを合わせて右クリック＞［停止したキーフレームの切り替え］か、［アニメーション］メニュー＞［停止したキーフレームの切り替え］を選択して間の動きを停止にします❾。

これでアニメのコマ打ち風な動きの完成です❿。

```
[0:00:03:15]
    位置    1468.0, 288.0
    回転    0x-0.0°
[0:00:04:00]
    位置    1540.0, 644.0
    回転    0x-65.0°
[0:00:04:15]
    位置    1468.0, 288.0
    回転    0x-0.0°
[0:00:05:00]
    位置    1540.0, 644.0
    回転    0x-65.0°
[0:00:05:15]
    位置    1468.0, 288.0
    回転    0x-0.0°
```

1-10

エフェクト機能でキャラクターを動かす

After Effectsにはその名前の通り、強力なエフェクト機能が数多く入っています。エフェクトとは特殊効果のことで、レイヤーを光らせる・歪ませる・立体にするといった直接効果をかけるものから、光が舞う・オーラを放つ・炎が上がるといったCG（コンピュータグラフィックス）画像を生成することもできます。もちろんそれら全てを動かすこともできるため、エフェクトを使用することで作品をより面白くすることができます。今回は歪めるエフェクトを使用してキャラクターの動きを追加作成します。

STEP1 パペットツールを使用する

パペットツールはレイヤーにピンと呼ばれる変形点を複数作成し、その変形点を動かすことや固定することでレイヤーを歪ませることができるエフェクト（特殊効果）です。今回は [0:00:01:15] 以降の **Chocomi Mint.png** レイヤーにパペットピンツールを使用して左右に揺れる動きを追加します。まずタイムラインパネルで **Chocomi Mint.png** レイヤーを選択したら、画面左上のツールパネルから［パペット位置ピンツール］を選択します❶。**Chocomi Mint.png** レイヤーの頭、顎、腰、つま先の順に4か所、ピンを打ちます。

頭

顎

腰

つま先

するとタイムラインパネルの**Chocomi Mint.png**レイヤープロパティグループの中に［エフェクト］というプロパティが増えていることがわかります。そのプロパティの中を［エフェクト］＞［パペット］＞［メッシュ］＞［変形］と順に開いていくと、今作成した4つのピンが「パペットピン1〜4」と表示されており、さらに各パペットピンプロパティを開くとピンの位置プロパティも見ることができます❷。

この各パペットピンの位置プロパティにキーフレームを作成することで、時間経過に合わせて歪みによる動きを作成することができます。

※ピンを作成した後でピンの位置を調整しようと動かすと、その時点でレイヤーが変形してしまいます。そのためピンの位置を❷の画像の数値と同じ位置で作成することは非常に難しいので、画像のピン位置と似たおおよその位置で作成してください。

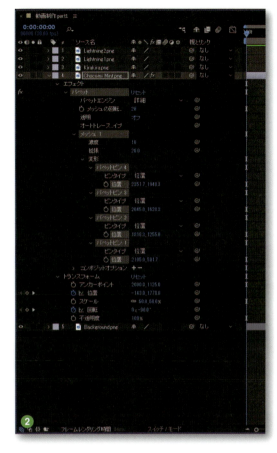

まずはパペットピンでの動きの始点となる［0:00:01:15］に現在の時間を移動し、各パペットピンの［位置］プロパティ左側にあるストップウォッチマークを押してキーフレームを作成します❸。

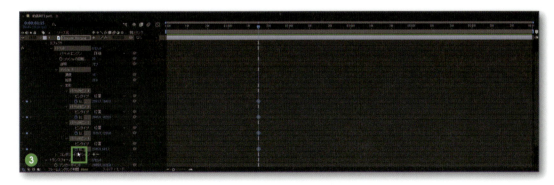

現在の時間を[0:00:02:00]へ移動したら、パペットピン1〜3を次の画像のような位置までドラッグして動かします④。

パペットピン1

パペットピン2

パペットピン3

パペットピンを動かしたことで**Chocomi Mint.png**レイヤーが右へ傾くように変形しました⑤。キーフレームが作成され、合わせて変形での動きも作成されたことが確認できます。これがパペットツールの効果になります。
また、パペットピン4は動かしていませんが、ピンは動かさなければピン止めしたことになりその部分が固定されることになります。つま先のパペットピン4は他のピンによる変形で動いてしまわないよう、固定するためのピン止めとして作成したピンになります⑥。

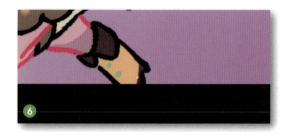

サンプルの各ピンの位置プロパティは右記になりますが❼、ピンをコンポジションパネルで直接ドラッグして移動させる方法だと同じ数値の場所に移動させることは難しいので、その場合は次の2つのやり方があります。

1つ目はタイムラインパネルに表示されているピンの位置プロパティをクリックして直接数値入力するやり方、2つ目は数値の上で左右にドラッグして数値を変更するやり方です。

これらの方法でピンを移動させると数値を合わせやすくなりますが、同じ位置に移動させたとしても［0:00:01:15］に作成したピンの位置によってはサンプルと同じ変形の動きにはならないので、似たような動きになるように調整してください。

ハンドルの操作が紙面上だけではわかりづらいという場合は、こちらの制作動画を参照してみてください。

STEP2 パペットピンの速度と軌道を調整する

パペットピンの移動もレイヤーの移動の時と同様に、速度や軌道の調整をすることができます。
まずは速度調整から行います。タイムラインパネル上部の［グラフエディター］ボタンを押してグラフ調整画面に切り替え❶、パペットピン1の位置プロパティを選択します。この時、位置プロパティが見えにくい場合はプロパティと数値の境界上部を左右にドラッグすることで表示幅を調整することができます❷。

位置プロパティを選択すると速度グラフが表示されるので、始点を選択したらタイムラインパネル右下の［イージーイーズアウト］ボタンを押し、終点を選択したら［イージーイーズイン］ボタンを押して加速／減速をそれぞれ設定します❸。（速度グラフのハンドルを直接調節してもOKです。）
同様にパペットピン2、3の位置プロパティも速度調整します❹。

加速／減速が設定できたところで、次は軌道調整を行います。
パペットピン1を選択するとピンの軌道が直線となっていることが確認できます❺。この動きを放物線を描くような軌道に調整します。
方法はレイヤー移動の時と同様です。画面左上のツールパネルの［ペンツール］の場所を長押しして［頂点を切り替えツール］を選択して❻、コンポジションパネル内に表示されている始点・終点のキーフレームをドラッグするとハンドルが現れるので❼、そのハンドルで軌道を放物線を描くように調節します❽。
同様にパペットピン2も調整します❾。
パペットピン3は直線の動きのままにしたいので、軌道は調整しないでおきます。

ハンドルの操作が紙面上だけではわかりづらいという場合は、こちらの制作動画を参照してみてください。

STEP3 繰り返しの動きにする

このままでは一回変形移動しただけで終わってしまうので、動画が終了する6秒間の間、往復で動くように設定します。[0:00:02:00] に作成されたキーフレームの位置から [0:00:02:15] にかけて元の始点の位置に戻るようにします。現在の時間を [0:00:02:15] へ移動したら、パペットピン1の [位置] プロパティに作成されている2つのキーフレームを複数選択して [編集] メニュー> [コピー] を選択します❶。
その後 [編集] メニュー> [ペースト] を選択してコピーしたキーフレームを貼り付けます❷。

これで1往復の動きが追加されたことになりますが、[0:00:02:00] から [0:00:02:15] 間の速度調整と軌道調整が必要となるため、速度調整はタイムラインパネルをグラフエディターモードに切り替えて [0:00:02:00] のキーフレームには加速のグラフを加えます❸。（イージーイーズアウトもしくはイージーイーズボタンを使用してもOKです。）
そして [0:00:02:15] のキーフレームには減速のグラフを設定します❹。（イージーイーズインもしくはイージーイーズボタンを使用してもOKです。）

続いて軌道調整も行います。[ツールパネル] から [頂点を切り替えツール] を選択し、放物線を描いていないハンドルを調整します❺。

POINT

キーフレームをコピー&ペーストすると、コンポジションパネル内の表示では同じ場所に複数のキーフレームが重なって表示されることになり、その状態でキーフレームを複数選択していると、どのハンドルがどのキーフレームから出ているのかが分かりにくくなります。その場合はタイムラインパネルで目的のキーフレームのみを選択することで、選択したキーフレームとその前後のキーフレームからのハンドルのみを表示することができるので、それで見分けてください。

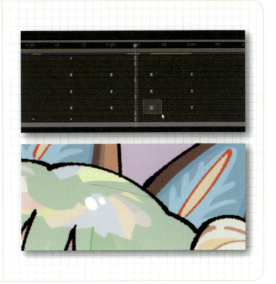

これで繰り返しの動きに対して速度と軌道の調整が済んだので、あとはコピー＆ペーストを繰り返して6秒間キーフレームを作成します。グラフエディターボタンを押して速度調整画面を閉じたら、終点のキーフレームがある[0:00:03:00]まで時間を移動し、繰り返しに対して速度と軌道を調整し終えた[0:00:02:00]・[0:00:02:15]・[0:00:03:00]に作成したキーフレームを3つとも選択して、終点のキーフレームは上書きする形でその場でコピー＆ペーストします❻❼。

ペーストされた終点のキーフレームがある時間まで移動したら再度ペーストを行い、6秒全てキーフレームを作成するまでこの作業を繰り返します❽。
同様の作業をパペットピン2とパペットピン3（軌道調整はしていないので速度調整のみ）にも行います❾。
プレビューパネルで動画を再生すると繰り返しの動きになっていることが確認できます❿。

1-11

モーションタイポグラフィを作成する

画面にキャラクター名の文字を作成して表示します。
ただ表示するだけでは面白くないので、そこで動く文字「モーションタイポグラフィ」を作成します。
1から作成となると知識や技術が必要になりますが、「プリセット」を使用すれば簡単に作成することができます。

STEP1　文字を作成する

After Effectsの中でも文字を入力して作成することができます。画面左上のツールパネルから［文字ツール］を長押しすると縦もしくは横書き文字ツールが表示されるので、今回は［横書き文字ツール］を選択します❶。
そのままコンポジションパネル内でクリックすると、そこに文字が打てるようになり、同時にタイムラインにはテキストレイヤーが作成されます❷。

この状態でキーボードで文字を入力すると画面に文字が表示されます。また文字のフォントやサイズ、色などは画面右の[プロパティパネル]から調整できます。
今回はテキストレイヤーの[位置プロパティ]は「83.6, 838.0」、文字の出現は[0:00:01:15]から、文字の設定は図のように設定しました❸。これでキャラクター名の表示ができました。

POINT

フォントは「Adobeフォント」からインストールした「Darumadrop One」を使用しています。Windowsユーザー・Macユーザーともに対応していますが、もし同じフォントを使用できない場合は標準搭載の「Impact」フォント等を代用してください。

STEP2 プリセットを使用して文字を動かす

続いて、今作成した文字をプリセットを使用して動かします。
タイムラインパネルでテキストレイヤーを選択している状態でプロパティパネルと同位置にある［エフェクト＆プリセットパネル］のタブを選択して表示させます❶。
［エフェクト＆プリセットパネル］一番上の［アニメーションプリセット］を開くと、After Effectsが用意しているプリセット一覧が表示されます❷。プリセットとは、あらかじめ設定されている特殊効果のセットのことで、点滅させる、音楽に合わせて動かす、オーロラのCGを作成する等々を1発で作成してくれる便利な機能です。
今回は文字が動くプリセットを使用したいので、［Text］＞［Animate In］＞［文字ごとにスライドアップ］をダブルクリックします❸。プレビューパネルで動画を再生して見ると文字ごとにスライドアップの動きが作成されていることが確認できます❹。

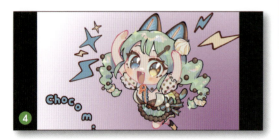

POINT

プリセットは、レイヤーを選択した状態でダブルクリックすると、そのプリセット効果が1発で作成できるようになっています。もしプリセットが気に入らず別のプリセットを試してみたい場合は、［編集］＞［アニメーションプリセットを適用の取り消し］を選択して一度リセットしてから再度プリセットを適用してください。

STEP3 プリセット適用後に調整する

プリセットで適用したエフェクトの設定は、後から調整することができます。
タイムラインパネルでテキストレイヤーのプロパティグループを開くと [テキスト] プロパティがあり、さらにそれを開くとプリセットで適用したエフェクトの詳細を見ることができます❶。
ただ、細かく調整するのはエフェクトの仕組みを理解しないと難しいため、慣れないうちはタイミング調整に留めておくと良いでしょう。タイミングはキーフレームを移動させるだけで調整することができます❷。今回はプリセット適用時の設定のまま完成とします❸。

1-12

動画をムービーファイルに書き出しする

制作作業が完了したら、ムービーファイルに書き出して完成です。
作成したムービーファイルは再生して楽しんだり、動画共有サイトやSNSにアップロードすることで
幅広く公開したりすることも可能となります。

タイムラインパネルで書き出したいコンポジションとして「動画制作part1」コンポジションを選択して❶、[ファイル]メニュー>[書き出し]>[レンダーキューに追加]を選択します❷。
するとタイムラインパネルと同位置に[レンダーキュー]パネルが開きます❸。レンダーキューとは、作成した動画をムービーファイルや静止画連番ファイルといった、色々なファイルにして作成・保存してくれる機能です。
そのレンダーキューに「動画制作part1」コンポジションを追加したので登録されたことが確認できます。ファイルとして書き出すには、画質やサイズを設定する[レンダリング設定]❹、どのファイル形式にするか設定する[出力モジュール]❺、どこの場所に保存するかの保存場所を設定する[出力先]❻が表示されています。

レンダリング設定と出力モジュールの調整はどのようなムービーファイルを書き出すかで細かく調整が可能ですが、現状の「最高設定」レンダリング設定と「H.264」出力モジュール設定がすでに動画共有サイトやSNSといったソーシャルメディアに適した形であり、あらゆる再生場所に使用できるムービーファイル作成設定になっているので、特に変える必要がなければこの設定のままにします。

設定する必要があるのは出力先のみなので、「指定されていません」の文字をクリックして保存先を設定します。

「ムービーを出力」ウィンドウで保存先とムービーの名前を決めたら「保存」のボタンを押します❼。するとウィンドウが閉じるので、レンダーキューパネル右上にある[レンダリング]ボタンを押すと書き出し作業が開始します❽。

レンダリングが終了すると出力先に指定した場所にムービーファイルが作成されていることが確認できます❾。ムービーファイルを再生して確認し、問題がなければ動画の完成です❿。

 POINT

書き出したムービーファイルは再生ソフトで再生し確認できますが、そのソフトによっては動画内の色が変わって見えることがあります。その場合、別の再生ソフトで再生してみて色が変化していなければ問題ありません。

067

▶ part 2

パーツ分けしたイラストから
動画を制作

この章では、キャラクターのパーツごとに動きを加える方法を解説します。そのためにはPart1で使用した1枚に統合されたイラストではなく、動かすパーツごとにレイヤー分けをしたイラストを使用します。これによりLive2DやSpineといったイラストを立体的に動かすソフトのように、キャラクターに多彩な動きを作成することができます。その分複雑な操作を行うので、もしつまずいてしまったらPart2よりも難易度の低いPart3へ先に取り組むこともよいでしょう。

2-1
パーツごとにレイヤー分けした状態のファイルを用意する

キャラクターのパーツごとに細かい動きを作成するには、
イラスト作成時に動かすパーツを全てレイヤー分けしておく必要があります。
また、パーツ分けの際に他のパーツとの境界部分をぴったり切って分けてしまうと、
After Effects上で動かした際に切れ目の隙間が見えてしまう可能性があるので、
境界部分は多めに「のりしろ」部分を作成しておくことをおすすめします。
ここではパーツごとにレイヤー分けした状態のPhotoshopファイルを用意して作業します。

STEP1　After Effectsへ読み込むPSD形式のファイルを作成

イラスト作成ソフトウェアはPSDファイル形式で保存できるものであればどれを使用してもらっても構いません。また、RGBカラーモードで作成します。（After EffectsにCMYKカラーモードのイラストを読み込ませると、自動でRGBに変換されて、その際にレイヤーも統合されてしまいます。）
サンプルファイル「Chocomi Mint_2」はキャラクターを次のパーツにレイヤー分けしてグループフォルダ内に集め、小物はグループフォルダなしで配置してあります。

```
[Character] グループフォルダー
    前髪1 [Bangs_Front]
    向かって左側横髪 [Sideburns←]
    前髪2 [Front_Back]
    ホイップアクセサリー
        [Whipped cream_Accessory]
    向かって左側おさげ髪 [Pigtails←]
    向かって左側の腕 [Arm←]
    ねこみみ [Cat Ears]
    頭 [Head]
    向かって右側横髪 [Sideburns→]
    胸部 [Chest]
    向かって右側の腕 [Arm→]
    体 [Body]
    リボン [Ribbon]
    スカート [Skirt]
    向かって右側おさげ髪 [Pigtails→]
    向かって左側の脚 [Leg←]
    向かって右側の脚 [Leg→]
    しっぽ [Tail]
きらきら1 [Sparkle1]
きらきら2 [Sparkle2]
ふきだし [Speech bubble]
スプーン [Spoon]
```

①

After EffectsはPSDファイルであればレイヤーの状態をほぼそのままで読み込むことができます。そのことからレイヤーを統合する必要はありません。また、クリッピングマスクや描画モード、レイヤースタイルもそのまま読み込めますが、クリッピングマスクは特別な理由がなければ統合して1枚のレイヤーに、グループフォルダを使用する場合は一階層に留めておくとAfter Effectsでの作業が複雑化せずに済むのでおすすめです。

STEP2　のりしろを作る

パーツ分けした際に、他のパーツとの境界部分において下に位置するレイヤーにのりしろを作っておくと、After Effectsで移動や変形による動きを作成した時に切れ目の隙間が見えないようになります。
サンプルファイル「Chocomi Mint_2」の**Pigtails**→レイヤーを移動させて確認すると、頭に隠れて見えない部分の髪の毛も描いてあることが確認できます❶。また、**Arm**←レイヤーを半透明にすると、腕の付け根部分までも**Chest**レイヤーで肩が描かれていることが確認できます❷。
パーツ分けしたレイヤーの境界部分には全てのりしろを作成しておきましょう。

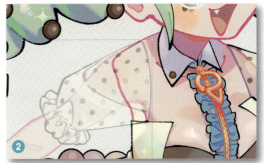

のりしろがないと動かした際に切れ目による隙間が見える

のりしろがあることで動かしても隙間が見えない

2-2

レイヤー統合していないPSDファイルを
After Effectsに読み込む

レイヤーを統合していない状態のPSDファイルをAfter Effectsに読み込む際には、
事前作業として新規コンポジションを作成し、
その後PSDファイルの内容に合わせた設定方法を選択して読み込みます。

STEP1 新規コンポジションを作成する

PSDファイルを読み込む前に、先に新規コンポジションを作成しておきます。
1-4（p.18-21）で解説した3つの作成方法のうち、コンポジションパネル内にある［新規コンポジション］を選択する方法、［コンポジション］メニュー＞［新規コンポジション］を選択する方法、プロジェクトパネル下部にある［新規コンポジションを作成］ボタンをクリックする方法のいずれかを選択して新規コンポジション作成をし、コンポジション名を「動画制作part2」とします❶。
Part1では横長の映像を作成しましたが、Part2では縦長のショート動画を作成していきます。
［プリセット］の項目をクリックすると、各動画の設定一覧がプルダウンメニューで表示されるので、その中から「ソーシャルメディア（縦長HD）1080 x 1920・30fps」を選択します❷。
続いて動画の再生時間を設定します。今回も6秒で作成するので、「0:00:06:00」と入力します❸。［OK］ボタンを押してコンポジションを作成します。

POINT

After Effectsに慣れないうちは、素材を読み込む前に先に新規コンポジションを作成するようにしてください。そうすることで面倒な事象を防ぐことができるのでおすすめです。詳しく知りたい場合は、Q&A 6（p.230-231）をご参照ください。

STEP2　PSDファイルを読み込む

サンプルファイル「Chocomi Mint_2」PSDファイルを読み込みます。

1-5 (p.22-23) で解説した方法のうち、[ファイル] メニュー > [読み込み] もしくはプロジェクトパネル内で右クリック > [読み込み] を選択し、今回は1つのファイルを読み込むので [ファイル] を選択します❶。

「part2_sample」フォルダ内にある「Chocomi Mint_2」PSDファイルを選択して [読み込み] ボタンをクリックします❷。するとPart1の素材読み込み時とは違い、読み込みの種類を選択するダイアログボックスが開きます❸。

ここで [読み込みの種類] と [レイヤーオプション] を選択することでPSDファイルの読み込み方法を設定します。以下にその組み合わせによる読み込みの違いを解説します。

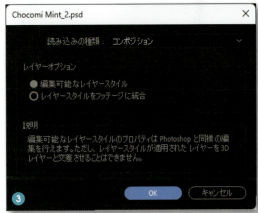

全てのレイヤーを1枚に統合して読み込みたいとき

[読み込みの種類] は [フッテージ]、[レイヤーオプション] は [レイヤーを統合] で読み込んだ場合、レイヤーは全て1枚に統合された状態で読み込まれます❹❺。これはAfter Effectsに読み込んだ中でのみレイヤーの統合となるので、元ファイルのレイヤーは統合されません。

複数のレイヤーの中の1枚だけを読み込みたいとき

　[読み込みの種類]は[フッテージ]、[レイヤーオプション]は[レイヤーを選択]とすると、PSDファイルの中のレイヤーを1枚だけ読み込むことができます❻。

その際に[レイヤースタイルをフッテージに統合]を選択して読み込むと、そのレイヤーに加えていたレイヤースタイルの効果もレイヤーに統合された状態で読み込まれます❼❽❾。

また［レイヤースタイルを無視］を選択して読み込むと、レイヤーに加えていたレイヤースタイルは削除されて読み込まれます❿⓫。これもAfter Effectsに読み込んだ中でのみレイヤースタイルの削除となるので、元ファイルのレイヤースタイルが削除されることはありません。

［フッテージのサイズ］を［ドキュメントサイズ］に設定して読み込むと、Photoshopで作業していたレイヤーのサイズそのままに読み込みことができます⓬⓭。

［フッテージのサイズ］を［レイヤーサイズ］に設定して読み込むと、レイヤー内の何も描かれていない部分を削除して読み込むことができます⓮⓯。

全てのレイヤーを統合せず、
かつ全てのレイヤーのサイズと中心点の位置を統一して読み込みたいとき

　［読み込みの種類］を［コンポジション］として読み込んだ場合、全てのレイヤーを統合せずに読み込むことができます。その際、「Chocomi Mint_2」コンポジションと「Chocomi Mint_2」レイヤーというフォルダがプロジェクトパネル内に作成されます⓰⓱。

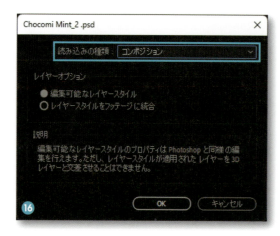

フォルダ内を開くと全てのレイヤーが収まっていることが確認できます⓲。
また、「Chocomi Mint_2」コンポジションをダブルクリックするとペイントソフトで作業していたレイヤーの重ね順そのままにコンポジションとして読み込まれていることが確認できます⓳。

「Chocomi Mint_2」コンポジションの中にさらに「Character」というコンポジションが入っています。ペイントソフト側でグループフォルダを作成していた場合、After Effectsではそのフォルダがコンポジションとして読み込まれるためです。
「Character」コンポジションをダブルクリックして移動すると、グループフォルダ内に配置していたレイヤーを確認することができます⑳。
さらに全てのレイヤーは画面サイズと同じサイズに、全てのレイヤーの中心点の位置も画面の中央に統一して設定されて読み込まれます㉑。

［読み込みの種類］を［コンポジション］とした場合の［レイヤーオプション］を［編集可能なレイヤースタイル］として読み込むと、レイヤースタイルを統合せずにそのまま読み込むことができるので、After Effects側で調整することが可能になります㉒㉓。
［レイヤーオプション］を［レイヤースタイルをフッテージに統合］として読み込むと、レイヤースタイルはレイヤーに統合された状態で読み込まれます。

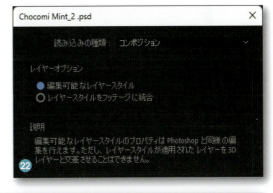

**全てのレイヤーを統合せず、かつ全てのレイヤーのサイズと中心点の位置は
ペイントソフトで作業していた時と同様に各レイヤーの設定で読み込みたいとき**

［読み込みの種類］を［コンポジション - レイヤーサイズを維持］として読み込むと［コンポジション］で読み込んだ時と同様に全てのレイヤーを統合せずに読み込むことができますが、こちらは各レイヤーのサイズと中心点の位置がレイヤーごとに設定されます㉔。

また、カンバス外に出ている部分も読み込むことができます。

［コンポジション］設定で読み込んだ場合、カンバス外に出た部分は切り落とされます㉕。

しかし［コンポジション - レイヤーサイズを維持］設定で読み込んだ場合、カンバス外に出ている部分も読み込まれます㉖。

［レイヤーオプション］の設定は前ページで解説した内容と同じになります。

今回はレイヤーのサイズと中心点の位置を統一させて読み込みたいので、サンプルファイル「Chocomi Mint_2」「Background2」の2つを、読み込みの種類は［コンポジション］、レイヤーオプションは［編集可能なレイヤースタイル］で読み込みます㉗㉘。

いったんここまでの作業を保存しましょう。［ファイル］＞［保存］を選択し、プロジェクトファイルの名前を「Part2.aep」として保存します。保存場所は、他の素材と同じ場所になるよう、「part2_sample」フォルダ内に保存しましょう。

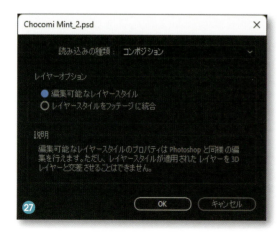
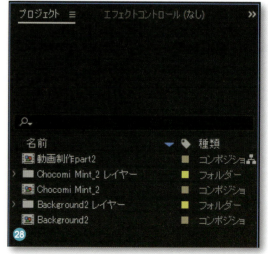

078

POINT

［コンポジション］と［コンポジション - レイヤーサイズを維持］はどのように使い分けるかというと、この2つの読み込みの違いは、各レイヤーのサイズと中心点の位置を統一するか、バラバラにするかという部分です。

そのため、例えばプロジェクトパネルからレイヤーをコンポジション内に配置しようとするときに大きな違いが出ます。［コンポジション］で読み込んだレイヤーをコンポジション内に配置するとサイズと中心点の位置が同じなため、複数のレイヤーを配置してもペイントソフトで作業していた位置と同じ位置で配置することができます①。

対して［コンポジション - レイヤーサイズを維持］で読み込んだレイヤーをコンポジション内に配置するとサイズと中心点の位置が各レイヤーによって違うため、複数のレイヤーを配置すると画面中央に集まって配置されます②。

そのことから、ペイントソフトで配置した位置で作業を進めることを前提としている場合は［コンポジション］設定で読み込み、レイヤーをAfter Effects上で位置調整することを前提とする場合は［コンポジション - レイヤーサイズを維持］設定で読み込むと便利です。

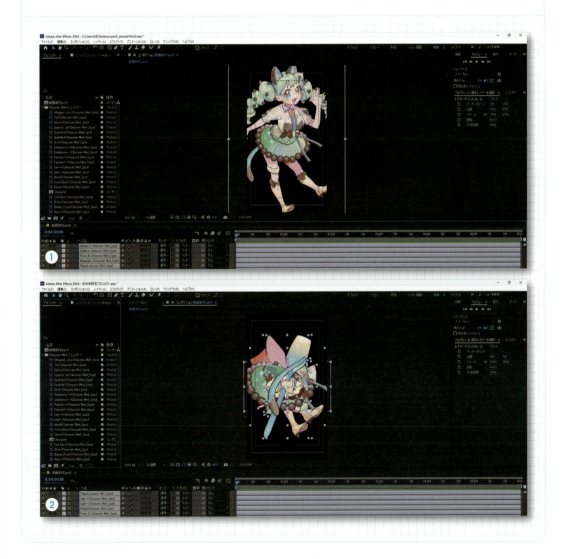

2-3

素材を配置する

読み込んだ素材をコンポジション内に配置します。
その際にそれぞれの素材のサイズや位置を調整して、画面内の配置を決めていきます。

STEP1　画面に素材を配置する

プロジェクトパネル内にある「Chocomi Mint_2」コンポジションを「動画制作part2」コンポジションのタイムラインパネル内に配置します❶。
続いて「Background2」コンポジションも「Chocomi Mint_2」の下に配置します❷。

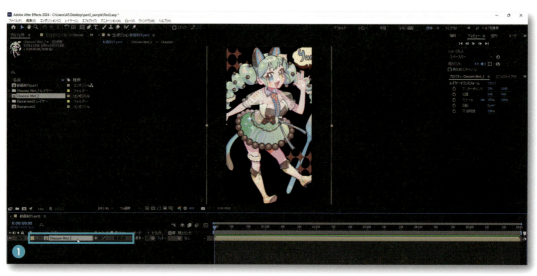

コンポジションパネルで合成結果を見るとキャラクターのサイズが大きいので調整をします❸。

［タイムラインパネル］内の「Chocomi Mint_2」コンポジション左側にある［＞］をクリックして、［トランスフォーム］プロパティグループを表示させ、さらに［トランスフォーム］左側にある［＞］をクリックしてレイヤーのスケール部分の数値を「81％」にして縮小します❹。これでサイズが調整できました❺。

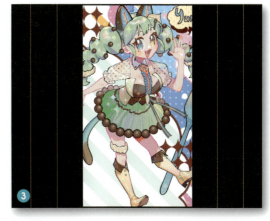

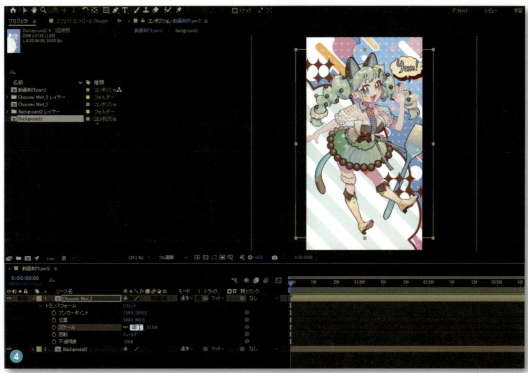

このようにPSDファイルをコンポジションで読み込むことでレイヤーが全て1つにまとまっている状態、ペイントソフトで言うグループフォルダ化している状態となっているので、コンポジションを拡大／縮小、移動するときに、1回の作業で中に入っているレイヤー全てを一気に調整できるようになります。

STEP2 個別のレイヤーを配置調整する

キャラクターの周りにあるキラキラ模様やスプーン、吹き出しの位置を調整します。その3つのレイヤーは「Chocomi Mint_2」コンポジションの中に入っているため、プロジェクトパネルもしくは「動画制作part2」コンポジション内にある「Chocomi Mint_2」コンポジションをダブルクリックします❶❷。するとタイムラインパネルに「Chocomi Mint_2」コンポジションが表示され、中に入ることができます❸。

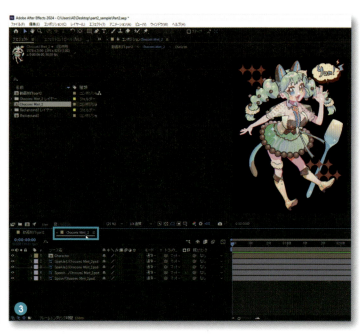

Sparkle1レイヤーを選択して下部へ画面外にはみ出す形で移動させます❹。
位置プロパティの数値は「717.0, 1570.0」です❺。

タイムラインパネルで「動画制作part2」コンポジション
のタブを選択して移動すると❻、**Sparkle1**レイヤーの画
面外にはみ出した部分は切り落とされたかのように見え
なくなっています❼。

これは「Chocomi Mint_2」コンポジションの画面外に
はみ出た部分は「動画制作part2」コンポジションでは
表示されないために起こる現象です。これを解決するた
めには「Chocomi Mint_2」コンポジションのコンポジシ
ョンサイズを大きくして**Sparkle1**レイヤーが画面外には
み出すことなく全て映るようにします。
タイムラインパネルで再び「Chocomi Mint_2」コンポ
ジションのタブを選択して移動し、[ファイル]メニュー>
[コンポジション] > [コンポジション設定]を選択して、
[幅]と[高さ]の右側にある[縦横比を○○に固定]の
チェックを外し、幅を1800px、高さを2400pxに設定し
ます❽。これでコンポジションサイズが大きくなりました
❾。

再び「動画制作part2」コンポジションへ移動して合成結果を確認すると、**Sparkle1**レイヤーが切れることなく表示されているのが確認できます❿。

Sparkle1レイヤーの位置調整を「Chocomi Mint_2」コンポジションの中で位置調整するのではなく、「動画制作part2」コンポジションの中で背景との合成結果を確認しながら位置調整したいという場合は、「動画制作part2」コンポジションに移動した後に、プロジェクトパネル内の「Chocomi Mint_2」レイヤーフォルダの［＞］を選択して中を表示させ⓫、その中から**Sparkle1／Chocomi Mint_2**レイヤーを「動画制作part2」コンポジションの「Chocomi Mint_2」の下に配置します⓬。

すると「動画制作part2」コンポジション内で**Sparkle1**レイヤーを調整できるようになります。

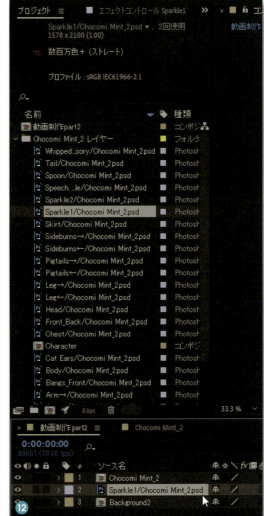

このままではSparkle1レイヤーが2つ存在してしまうので⓭、「Chocomi Mint_2」コンポジション内にあるSparkle1レイヤーは削除しておきます⓮。

このようにコンポジションや個別レイヤーで画面のレイアウト調整を行います。
今回はSparkle1レイヤーだけでなく、Sparkle2／Speech bubble／Spoonレイヤーも「動画制作part2」コンポジション内で再配置して、下記の数値にスケールと位置を調整します⓯。
移動し終えた「Chocomi Mint_2」コンポジション内にあるSparkle2／Speech bubble／Spoonレイヤーは削除しておきます。
これで画面内の配置が決まりました⓰。

Sparkle1
位置　484.0, 1379.0
スケール　81.0%

Sparkle2
位置　610.0, 798.0
スケール　81.0%

Speech bubble
位置　467.0, 868.0
スケール　81.0%

Spoon
位置　556.0, 1108.0
スケール　81.0%

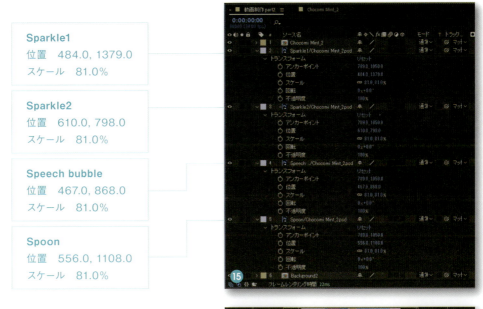

2-4

キャラクターのパーツごとに動きを加える

今回のキャラクターはパーツごとにレイヤー分けされているので、
そのパーツごとに動きを加えてキャラクターの動作表現を豊かにします。
Part1で使用したパペットピンツールを同様に使用して、
パーツごとに変形を加えて繰り返しの動き（往復運動）を作成します。

STEP1　おさげ髪にパペットピンを作成する

まずはおさげ髪のパーツに変形を加えるためのパペットピンを作成していきます。
タイムラインパネル内にある「Chocomi Mint_2」コンポジションのタブを選択して移動し、さらに「Character」コンポジションをダブルクリックして中に移動して**Pigtails←**レイヤーを選択します。この時、レイヤーの名前が長くて見えづらいと感じたら、タイムラインパネルの「ソース名」という部分をクリックして「レイヤー名」に切り替えることでレイヤー名のみを表示することができます❶。
Part1でも使用した、パペットツールを使用しておさげ髪に揺れる動きを作成します。[ツールパレット] から [パペット位置ピンツール] を選択します❷。
現在の時間が [0:00:00:00] であることを確認したら**Pigtails←**レイヤーにおさげ髪の根元を始点に4つのパペット位置ピンを作成します❸。

各ピンの位置は次の通りです❹。

パペットピン1	位置	610.0, 393.0
パペットピン2	位置	452.0, 472.0
パペットピン3	位置	299.0, 630.0
パペットピン4	位置	239.0, 856.0

※ピンを作成した後でピンの位置を調整しようと動かすと、その時点でレイヤーが変形してしまいます。そのためピンの位置を画像の数値と同じ位置で作成することは非常に難しいので、画像のピン位置と似たおおよその位置で作成してください。

STEP2　パペットピンを移動して揺れの動きを作成する

ピンが作成できたところで、次にそのピンを動かしておさげ髪の揺れ始めとなる位置と形に変形します。現状の位置と形を揺れ初めとするならこのままでもよいのですが、揺れ幅を大きくしたいので変形します。
現在の時間は［0:00:00:00］のままでパペットピン2～4をパペットピンツールを使用して移動させ、揺れ始めとなる位置と形になるようにPigtails←レイヤーのパーツを変形します❶。

パペットピン2	位置	466.0, 493.0
パペットピン3	位置	328.6, 662.5
パペットピン4	位置	279.6, 885.9

パペットピン2

パペットピン3

パペットピン4

※パペットピン2～4の画像は移動距離がわかりやすいように軌道を別に作成して表示させています。実作業では軌道は表示されませんので画像と似た位置に移動させてください。

続いてPigtails←パーツの揺れ終わり位置と形を作成します。まずはタイムラインパネルの現在の時間を1秒後の［0:00:01:00］に移動します❷。

パペットピン2〜4を振れ幅の反対側の端となる位置まで移動します❸。この時、おさげ髪の先端にいくほど大きく揺らしたいので、パペットピン2・3・4と、だんだん移動距離を多めにします。

パペットピン2	位置	443.7, 448.1
パペットピン3	位置	277.3, 591.9
パペットピン4	位置	204.9, 818.6

パペットピン2

パペットピン3

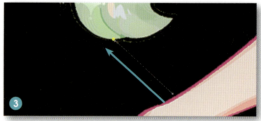

パペットピン4

STEP3 繰り返しの動き（往復運動）を作成する

ここまでで**Pigtails**←パーツに揺れ初めと揺れ終わりまでの動きが作成できました。次にこれを繰り返しの動き（往復運動）として揺れるように動きを作成していきます。
繰り返しの動きを作成する作業は、先ほど作成した揺れ初めと揺れ終わりのパペットピン位置キーフレームをコピーし、繰り返しとなる時間のところでペーストすることで繰り返しの動きを作成する流れになります。

まずは現在の時間を繰り返しとなる時間の［0:00:02:00］まで移動したら❶、［0:00:00:00］時間に作成してあるパペットピンの2〜4のキーフレームをまとめて選択します❷。

そして［ファイル］メニュー＞［コピー］を選択したのちに❸、［ペースト］を選択して❹、キーフレームをコピー＆ペーストします。
これで揺れ始め→揺れ終わり→揺れ始めといった形で繰り返しの動きが作成できました❺。

この時点ではまだ6秒間中ずっと繰り返す動きにはなっていませんが、この段階でいったん動きの軌道を調整します。画面左上のツールパネルから［ペンツール］を長押しして［頂点を切り替えツール］を選択します❻。

コンポジションパネル内で各ピンからハンドルを作成します。［0:00:00:00］［0:00:01:00］［0:00:02:00］に作成した3つのキーフレームそれぞれにハンドルを作成します。作成する順番は特に決まっていないので、好きなキーフレームからハンドルを作成し始めてください。本書では［0:00:01:00］［0:00:00:00］の順で作業します。まずはパペットピン2の［0:00:01:00］キーフレームのハンドルを作成し❼、続いて［0:00:00:00］キーフレームのハンドルを作成します❽。

POINT

［0:00:02:00］のようにキーフレームが［0:00:00:00］のキーフレームと重なってハンドルが出しにくい場合は、タイムラインパネルでハンドルを出したいキーフレームを選択してから作業するとハンドルを出すことができます。

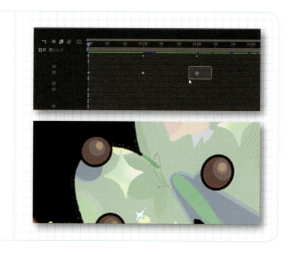

ハンドルを出し終えたら放物線を描くように往復の動きを作成します❾。

同様の作業でパペットピン3にもハンドルで動きの軌道を作成します。パペットピン3は［0:00:00:00］のキーフレームから［0:00:01:00］のキーフレームまでの軌道はほんの少し右側に膨らませる形で、［0:00:01:00］から［0:00:02:00］のキーフレームまでは左側に膨らませる形で反時計回りに動く放物線を作成します❿。
パペットピン4の軌道は、パペットピン3の軌道をさらに外側に膨らませたアーモンドのような形に反時計回りに動く軌道にします⓫。

ハンドルの操作が紙面上だけではわかりづらいという場合は、こちらの制作動画を参照してみてください。

STEP4　キーフレームをコピー＆ペーストして動きを追加する

STEP2で揺れ始め→揺れ終わり→揺れ始めといった繰り返しの動きに、軌道調整によるカーブする動きが加わりました。さらにキーフレームをコピー＆ペーストして揺れ始め→揺れ終わり→揺れ始め→揺れ終わりとなるように動きを追加していきます。
　［0:00:01:00］に作成したパペットピン2～4のキーフレームをコピーして❶、［0:00:03:00］にペーストします❷。

すると[0:00:02:00]のキーフレームから[0:00:03:00]のキーフレームまでの動きの軌道が未設定のため、意図しない軌道になっていることが確認できます❸。
そこでパペットピン2〜4の全ての軌道を修正します❹。

パペットピン2

パペットピン3

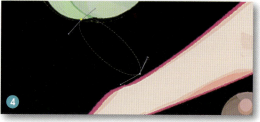
パペットピン4

ハンドルの操作が紙面上だけではわかりづらいという場合は、こちらの制作動画を参照してみてください。

POINT

今回、[0:00:00:00]のキーフレームを[0:00:02:00]へコピー＆ペーストしていったん軌道調整し、続いて[0:00:01:00]のキーフレームを[0:00:03:00]へコピー＆ペーストして再度軌道調整しましたが、[0:00:00:00][0:00:01:00]のキーフレームをまとめて選択して[0:00:02:00][0:00:03:00]へコピー＆ペーストしてから調整しても問題ありません。ただそれだと軌道表示が多くなりごちゃごちゃしてきて、どの軌道がどのキーフレームから出ているのかがわかりづらくなるので、今回は1つ1つ個別に作業しました。

この段階で軌道調整済みの揺れ始め→揺れ終わり→揺れ始め→揺れ終わりと2往復の動きが作成できました。この軌道調整済みのキーフレームをコピー＆ペーストすれば、効率よく残りの時間全てに繰り返しの動きを作成することができます。

続いて［0:00:01:00］から［0:00:03:00］のキーフレーム全てを選択してコピーします❺。
そのまま［0:00:03:00］の時間から移動せずにペーストします❻。

POINT

なぜ［0:00:00:00］から［0:00:03:00］までのキーフレームをコピーして［0:00:04:00］からペーストしないのかというと、［0:00:00:00］のキーフレームは［0:00:01:00］までへの動きの軌道は調整してありますが、［0:00:00:00］以前のキーフレームがないため、そこからの軌道は未調整の状態です。その［0:00:00:00］キーフレームを［0:00:04:00］へコピー＆ペーストすると［0:00:03:00］からの動きの軌道が未設定となるため、［0:00:04:00］キーフレームのハンドルを再度調整して設定しなければならなくなります。
また、同様の理由で［0:00:03:00］のキーフレームも次のキーフレームへの軌道調整が済んでいない状態です。そこで前のキーフレームからの動きも次のキーフレームへの動きも軌道調整した［0:00:01:00］のキーフレームをコピー＆ペーストして［0:00:03:00］のキーフレームへ上書きすることで、軌道調整済みの繰り返しを作成したことになります。
このように、繰り返しの動きを作成する場合は、前からも次への動きも軌道調整したキーフレームをコピー＆ペーストすることで再度軌道調整することなく繰り返しの動きを作成することができます。

このままでは5秒目以降のキーフレームがないことでそれ以降の動きが作成されていないので、さらにキーフレームをコピー＆ペーストします。
　［0:00:01:00］から［0:00:05:00］の全てのキーフレームを選択してコピーして❼、現在の時間［0:00:03:00］のままペーストします❽。6秒以降の時間外にまでキーフレームがコピーされますが、そのままでも特に問題はありません。（またこれは後で利用します。）
これで6秒全てで動きを作成することができました。

POINT

ここでの作業は、動きの繰り返し（往復運動）を作るための作業になります。この1、2、1、2の繰り返し運動を効率よく作成するために軌道調整済みのキーフレームをコピー＆ペーストして増やしていくのですが、コピーするキーフレームやペーストする時間を間違えて、例えば1、2、1、1、2、1、2といったように不規則な形でキーフレームをコピー＆ペーストしてしまうと動きがおかしくなります。その場合は規則的になるように再度キーフレームをコピー＆ペーストで上書きするか、揺れ初めと揺れ終わりのキーフレーム2つだけを残して他のキーフレームは全て削除して作業し直します。

時間外に作成してしまったキーフレームを削除する際は、タイムラインパネルの左側にある［次のキーフレームに移動（このストリームのみ）］の矢印をクリックして時間外のキーフレームへ移動し①、両矢印真ん中にある［現時間でキーフレームを加える、または削除する］をクリックして②、キーフレームを削除してください。

STEP5 揺れの速度調整を行う

このままプレビューパネルで動画を再生すると、動きの速度が一定です。ふわっとした動きにするために速度調整します。
タイムラインパネル上部の［グラフエディター］ボタンを押してグラフモードに切り替えます❶。
パペットピン2の［位置］をダブルクリックして作成したキーフレーム全てを選択します❷。
タイムライン右下にある［イージーイーズ］ボタンを押して、キーフレーム全てに加速と減速の設定を加えます❸。

同様にパペットピン3と4も加速と減速を加えます❹。

STEP6 ピンごとのタイミングや再生位置の調整を行う

パペットピン2〜4が全て同じタイミングで動いていることで、おさげ髪のなびく動きができていないので、それを作成します。
なびく動きのように曲がりくねる、うねる動きにするには、タイムライン上のパペットピンのキーフレームを他のピンのキーフレームとは違うタイミングになるように時間をずらすことで作成できます。それによってピンごとに動きの遅れが生じ、後を追うように動かすことでうねる動きとなります。
タイムラインパネル上部の[グラフエディター]ボタンを押して元の表示に戻し、パペットピン3の[位置]をクリックしてキーフレームを全て選択したら[0:00:00:00]のキーフレームが[0:00:00:04]にくるように移動します❶。
同様にパペットピン4は[0:00:00:00]のキーフレームが[0:00:00:09]にくるように移動します❷。

プレビューで再生してみると、各パペットピンの動くタイミングがずれたことでなびきの動きが作成できました。ただこのままでは動画の最初にパペットピン3と4は動いていない時間ができているので、パペットピン2〜4の[位置]を[Ctrl]キーを押しながらクリックしてキーフレームを同時選択して一斉に左へ移動させます❸。移動先の目安として、パペットピン4の[0:00:00:09]のキーフレームが[0:00:00:00]にくるように移動して再生位置の調整を行います。

全てのキーフレームを同時選択して移動させたことにより、なびきのタイミング調整でずらした状態は保ったまま、再生開始位置の調整ができました。
先ほど、6秒以降の時間外にまでキーフレームをコピー&ペーストしておいたおかげで、キーフレームを前に移動しても最後まで止まることなく繰り返し動いていることが確認できます。
これで動画の初めから全てのパペットピンが繰り返し動くようになりました。

> **POINT**
>
> 再生位置の調整をした際に動画の最後の方で動きが止まってしまう場合は、キーフレームをコピー&ペーストして増やして時間外まで追加作成することで最後まで動くようになります。

> **STEP7** 余計な動きを制御する

プレビューして動きを再生すると、おさげ髪の付け根部分まで動いていることが確認できます❶。これを自然な形で頭部とつながっているように調整します。
画面左上のツールパネルから［パペット位置ピンツール］を選択し、パペットピン1の上と下におさげ髪の付け根として2つピンを作成します❷。

この状態でプレビューしてみると確かに付け根は動かなくなりましたが、歪みがいびつで自然な感じになっていません。今作成した2つのピンをいったん削除して今度は［パペット詳細ピンツール］を選択します❸。
先ほどと同様にパペットピン1の上と下におさげ髪の付け根として2つピンを作成します❹。これで付け根の過度な歪みが抑えられ、変形が滑らかになりいびつな歪みが解消されました。
パペット詳細ピンツールはパペット位置ピンツールよりも、追加でスケールや回転の動きでも変形を加えることができます。その分柔軟に変形できることから位置ピンツールよりも繊細に動きを制御できます。
これでPigtails←レイヤーの動きは完成です。

パペット位置ピンツール使用の場合

パペット詳細ピンツール使用の場合

ここまでのSTEP1〜7の作業がなびき（うねり）ながら繰り返しの動きを作る基本作業の流れになります。この作業は同じような動きをさせるパーツ、例えばスカートやリボン、手足、しっぽといったパーツの動きを作成する時も、同様の作業により動きを作成することができます。
ただし、ピンの作成位置や軌道の調整次第ではプレビューした際の動きは千差万別となり、本書のサンプルファイルと全く同じ動きにはできません。このSTEP1〜7、特にSTEP2〜4の作業が重要ですので、何度も繰り返して作業を行い、経験を積むことでコツがつかめるようになります。以降のSTEP8〜10で、他のパーツを用いて繰り返しSTEP1〜7の作業を行い練習しましょう。

ここまでの作業のまとめ

STEP1	おさげ髪にパペットピンを作成する …［パペット位置ピンツール］を使用してパペットピンを作成	p.86-87
STEP2	パペットピンを移動して揺れの動きを作成する …現在の時間と、後の時間でパペットピンの位置を移動	p.87-88
STEP3	繰り返しの動き（往復運動）を作成する …キーフレームを複製することで、繰り返しの動きを作る	p.89-91
STEP4	キーフレームをコピー＆ペーストして動きを追加する …全時間分の動きを追加し、さらにパペットピンの軌道を修正する	p.91-94
STEP5	揺れの速度調整を行う …［イージーイーズ］ボタンを用いて加速／減速を加える	p.95
STEP6	ピンごとのタイミングや再生位置の調整を行う …キーフレームをずらし、ピンごとに再生位置を調整する	p.96
STEP7	余計な動きを制御する …［パペット詳細ピンツール］を用いて自然な動きに修正	p.97

STEP8　反対側のおさげ髪に動きを作成する

続いて、反対側のおさげ髪の**Pigtails**→パーツも同様に動きを作成します。パペットピンツールで動きを作る作業の流れは、**STEP1〜7**と同様です。
現在の時間を[0:00:00:00]に移動したらまずはパペット位置ピンを4つ、パペット詳細ピンを2つ作成します❶。

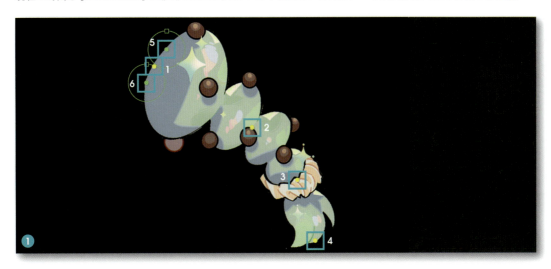

その後現在の時間は移動せずにパペットピン2〜4をパペットピンツールを使用して移動させ、揺れ始めとなる位置と形になるようにパーツを変形します❷。

パペットピン2

パペットピン3

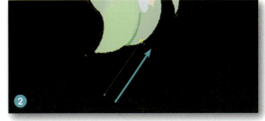

パペットピン4

※パペットピン2〜4の画像は移動距離がわかりやすいように軌道を別に作成して表示させています。実作業では軌道は表示されませんので画像と似た位置に移動させてください。
※ここからの作業以降は、パペットピンの位置を表す数値の表示は省略します。数値と全く同じ場所にピンを作成することは難しく、動きの作成で重要なのは動き幅と軌道の部分なので、ピンの位置は画像を参考にしてください。

続いてSTEP2〜STEP3（p.87-91）の作業内容と同様の作業で、パペットピン2〜4に繰り返しとなる揺れの動きを作成します。

各ピンの揺れ幅と軌道は画像❸のように、繰り返しとなるキーフレームは［0:00:00:00］のキーフレームを［0:00:02:00］にコピー＆ペーストして作成します❹。

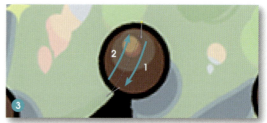
パペットピン2

パペットピン3

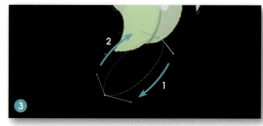
パペットピン4

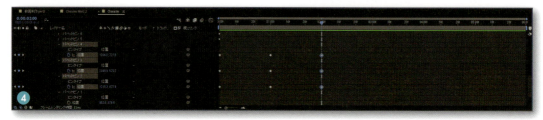

ハンドルの操作が紙面上だけではわかりづらいという場合は、こちらの制作動画を参照してみてください。

さらにSTEP4（p.91-94）の作業内容と同様の作業で、キーフレームをコピー＆ペーストして6秒間全てで繰り返しの動きを追加します❺。ハンドルの軌道調整も行いましょう。

キーフレームが作成できたら、STEP5（p.95）の作業内容と同様に、パペットピン2～4に加速と減速を加えます❻。

そしてSTEP6（p.96）の作業内容と同様に、おさげ髪のなびく動きを作成するために各ピンの再生タイミング調整を行います。
ここでも同様に、パペットピン3の[位置]をクリックしてキーフレームを全て選択したら[0:00:00:00]のキーフレームが[0:00:00:04]にくるように移動します❼。
パペットピン4は[0:00:00:00]のキーフレームが[0:00:00:09]にくるように移動します❽。

タイミング調整を行うと、今回も動画の最初にパペットピン3と4は動いていない時間ができているのでこれを修正します。
パペットピン2～4の[位置]を[Ctrl]キーを押しながらクリックしてキーフレームを同時選択して一斉に左へ移動させますが、今回は再生のタイミングをPigtails←パーツとは少し変えたいので、移動先の目安としては、パペットピン2の[0:00:01:00]のキーフレームが[0:00:00:00]にくるように、なびきのタイミング調整でずらした状態は保ったまま、パペットピン2～4のキーフレーム全てを移動します❾。

※キーフレームを左に移動させたことで動画の終わり近辺のキーフレームが足りず動きが止まってしまっているようであれば、コピー＆ペーストでキーフレームを増やして6秒間全ての動きを作成してください。

STEP9 左足のパーツに動きを作成する

左足のLeg→パーツも同様に動きを作成します。
現在の時間を[0:00:00:00]に移動したら、まずはパペット位置ピンを3つ作成します❶。
その後現在の時間は移動せずにパペットピン2と3をパペットピンツールを使用して移動させ、揺れ始めとなる位置と形になるようにパーツを変形します❷。

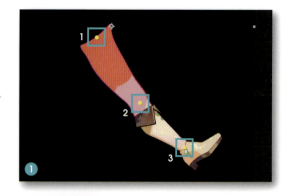

パペットピン2

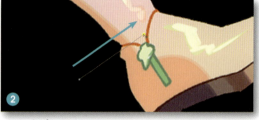

パペットピン3

※パペットピン2・3の画像は移動距離がわかりやすいように軌道を別に作成して表示させています。実作業では軌道は表示されませんので画像と似た位置に移動させてください。

続いてSTEP2〜STEP3(p.87-91)の作業内容と同様の作業で、パペットピン2と3に繰り返しとなる揺れの動きを作成します。
各ピンの揺れ幅と軌道は画像❸のように、また今回は揺れの動きをゆっくりにしたいので揺れの端から端への移動を2秒間隔で、繰り返しとなるキーフレームは[0:00:00:00]のキーフレームを[0:00:04:00]にコピー&ペーストして作成します❹。

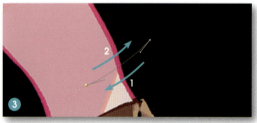

パペットピン2

パペットピン3

ハンドルの操作が紙面上だけではわかりづらいという場合は、こちらの制作動画を参照してみてください。

さらにSTEP4（p.91-94）の作業内容と同様の作業で、キーフレームをコピー＆ペーストして6秒間全てで繰り返しの動きを追加します❺。ハンドルの軌道調整も行いましょう。

POINT

キーフレームをコピー＆ペーストする際、時間外の[0:00:06:00]に移動する場合はタイムラインパネル左上の［現在の時間］に「0:00:06:00」と入力するか、キーボードの［PageDown］もしくは［PgDnキー］のページダウンキーを押すことで現在の時間を[0:00:00:01]ずつ先に進むことができるので、それらを使用して移動してください。

続いてSTEP5（p.95）の作業内容と同様の作業でピン2と3に加速と減速を加えます❻。

そしてSTEP6（p.96）の作業内容と同様に、脚にしなやかさを出すための再生タイミング調整を、今回はパペットピン3のみに行います。
パペットピン3の［位置］をクリックしてキーフレームを全て選択したら[0:00:00:00]のキーフレームが[0:00:00:04]にくるように移動します❼。

今回もパペットピン3の最初に動いていない時間ができているのでこれを修正します。その際に再生のタイミングをPigtails←パーツとは少し変えたいので、パペットピン2と3の［位置］を［Ctrl］キーを押しながらクリックしてキーフレームを同時選択して一斉に左へ移動します。移動先の目安としては、パペットピン2の［0:00:02:00］のキーフレームが［0:00:01:14］にくるように、なびきのタイミング調整でずらした状態は保ったまま、パペットピン2と3のキーフレーム全てを移動します❽。
今回のように、動きの速度や再生位置のタイミング調整も自由に行えるので、プレビューを繰り返して調整します。

STEP10 しっぽのパーツに動きを作成する

ここまでで様々なパーツの動きを作成しましたが、パーツとしては最後にしっぽに動きを加えます。
現在の時間を［0:00:00:00］に移動したら、しっぽのTailパーツにまずパペット位置ピンを5つ作成します❾。
その後現在の時間は移動せずにパペットピン2～5をパペットピンツールを使用して移動させ、揺れ始めとなる位置と形になるようにパーツを変形します❿。

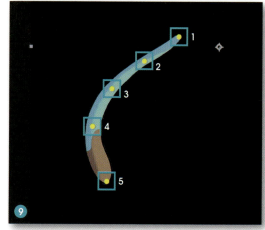

パペットピン2

パペットピン3

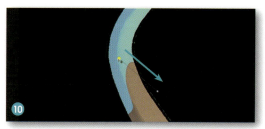
パペットピン4

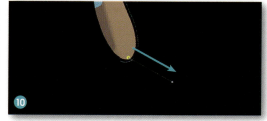
パペットピン5

続いてSTEP2〜STEP3 (p.87-91) の作業内容と同様の作業で、パペットピン2〜5に繰り返しとなる揺れの動きを作成します。

各ピンの揺れ幅と軌道は画像⑪のように、繰り返しとなるキーフレームは [0:00:00:00] のキーフレームを [0:00:02:00] にコピー＆ペーストして作成します⑫。

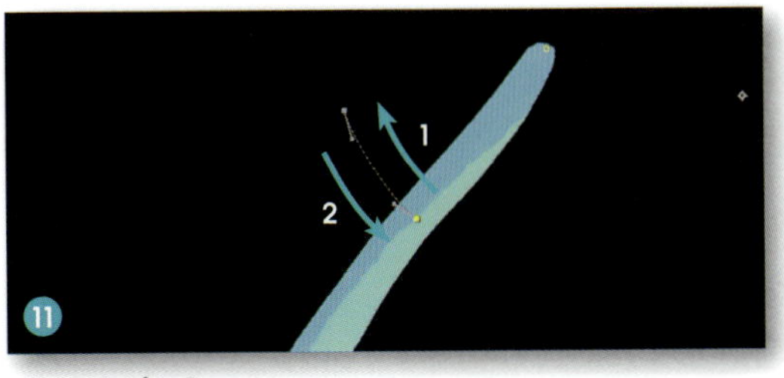

パペットピン2

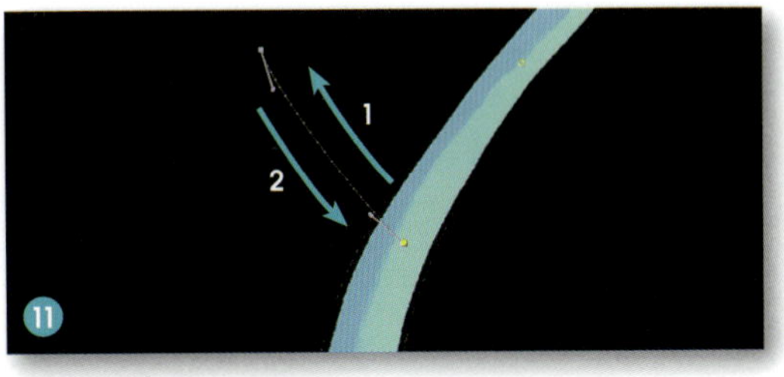

パペットピン3

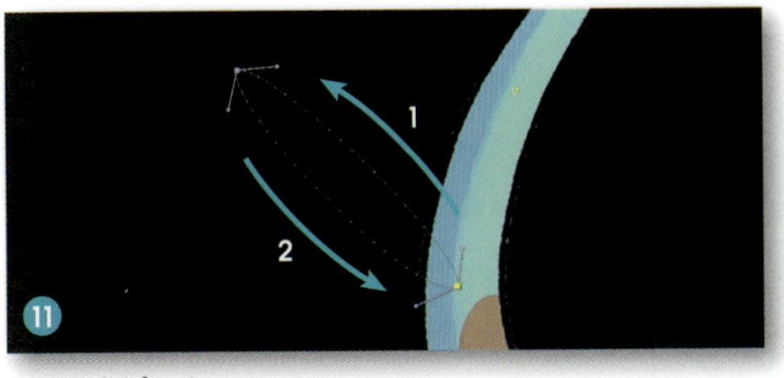

パペットピン4

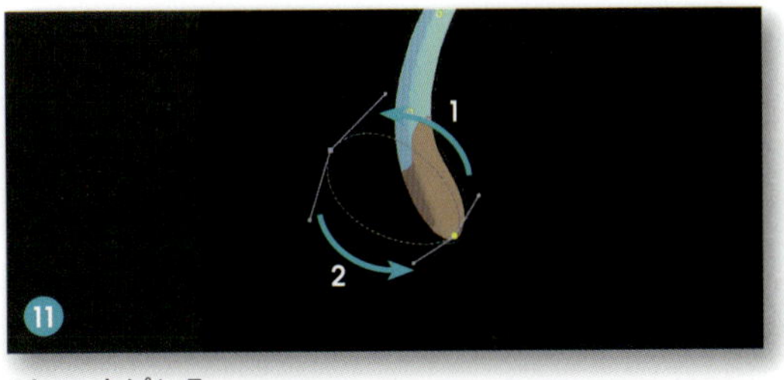

パペットピン5

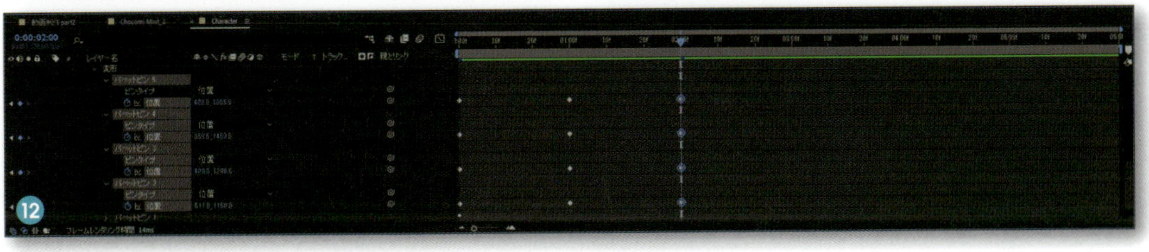

ハンドルの操作が紙面上だけではわかりづらいという場合は、こちらの制作動画を参照してみてください。

さらにSTEP4 (p.91-94) の作業内容と同様の作業で、キーフレームをコピー＆ペーストして6秒間全てで繰り返しの動きを追加します⑬。ハンドルの軌道調整も行いましょう。

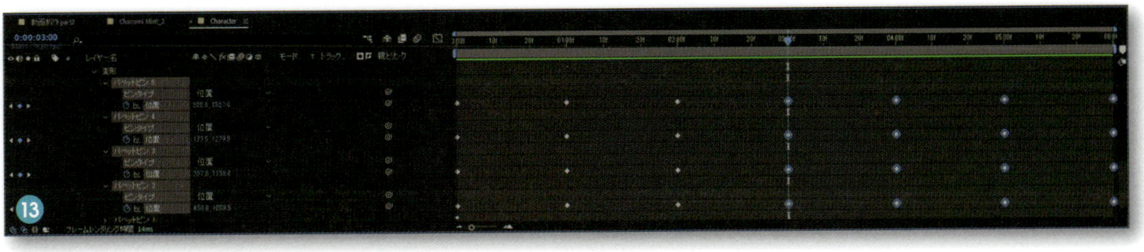

続いてSTEP5（p.95）の作業内容と同様の作業でピン2〜4に加速と減速を加えます⓮。
もしも加速／減速を加えたことで動きがおかしくなる場合は、速度調整をしないでそのままにした方がうまくいくこともあります。今回はピン5に速度調整をするとおかしな動きになるので、ピン5だけ速度調整をしないでおきます。

次にしっぽにうねる動きを作成するために各ピンの再生タイミング調整を行います。
STEP6（p.96）の作業内容と同様に、パペットピン3は［0:00:00:00］のキーフレームが［0:00:00:04］にくるように移動し、パペットピン4は［0:00:00:00］のキーフレームが［0:00:00:09］にくるように移動します。そしてパペットピン5は［0:00:00:00］のキーフレームが［0:00:00:12］にくるように移動します⓯。

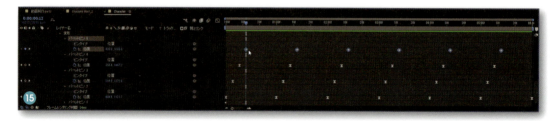

今回もパペットピン3〜5の最初に動いていない時間ができているのでこれを修正します。その際、再生のタイミングを**Pigtails**←パーツとは少し変えたいので、パペットピン2〜5のキーフレームを同時選択して一斉に左へ移動させます。移動先の目安としては、パペットピン5の［0:00:00:12］のキーフレームが［0:00:00:00］にくるように、なびきのタイミング調整でずらした状態は保ったまま、パペットピン2〜5のキーフレーム全てを移動します⓰。今回のように、ピンの数を増やして動きをより細かく作成することもできます。

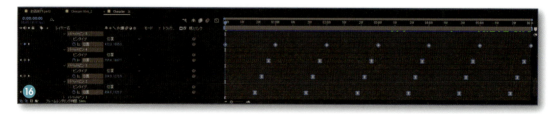

STEP11　全身に動きを作成する

ここまでで各パーツに動きを加えることができました。続いて、全てのパーツをまとめてパペットピンで動かします。現在の時間を［0:00:00:00］に移動し、「Chocomi Mint_2」コンポジションに移動して中に配置されている「Character」コンポジションを選択します。この「Character」コンポジションを動かすことで中に入っているレイヤー全てを一気に動かすことができます。
パペット位置ピンツールで4つのピンを作成します❶。

この段階で画面右上にあるプレビューパネルからプレビューすると、パペットピンで動きを作成していたパーツが動くことで切れ目が入っていることが確認できます❷。
また、切れ目が入っている状態でパペットピンを動かすと絵がちぎれてしまうことが確認できます❸。
これはパペットピンを作成した際に同時に作成されるメッシュからパーツがはみ出してしまったことで起こる現象です。メッシュはパペットピンツールを選択している状態で画面上部の［メッシュ：□表示］の部分にチェックを入れると表示して確認することができます❹。

メッシュを表示しながらパペットピンを動かすと、メッシュに入っていない部分が動かず残っていることが確認できます❺。
そこでメッシュを拡張してはみ出した部分をメッシュ内に入れます。タイムラインパネルで「Character」コンポジション＞エフェクト＞メッシュ1の中の［拡張］の数字を「175.0」に調整します。これでパーツの動きも含めて全てがメッシュの中に入りました❻。

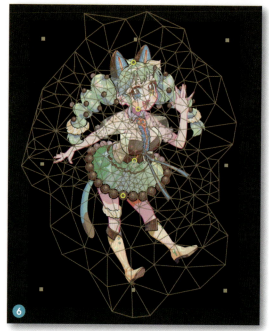

また、［濃度］の数値を上げるとメッシュが細かくなり、パペットピンによる変形が滑らかになります。最大12まで数値を上げることができます。今回は滑らかに変形させたいので「12」に設定します❼。
メッシュが細かくなったことが確認できます❽。

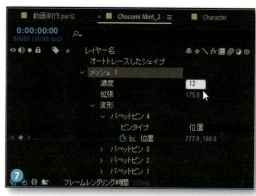

※メッシュの数値を上げると作業環境の負荷が増えて動作が遅くなることがあります。もし遅くなる場合は数値「10」のままで作業を進めてください。

次にパペットピン2〜4をパペットピンツールを使用して移動させます。
現在の時間は [0:00:00:00] のまま、揺れ始めとなる位置と形になるようにパーツを変形します ❾。

パペットピン2

パペットピン3

パペットピン4

続いてSTEP2〜STEP3（p.87-91）の作業内容と同様の作業で、パペットピン2〜4に繰り返しとなる揺れの動きを作成します。
各ピンの揺れ幅と軌道は画像❿のように、また今回はLeg→パーツの時と同様に揺れの動きをゆっくりにしたいので、揺れの端から端への移動を2秒間隔で、繰り返しとなるキーフレームは [0:00:00:00] のキーフレームを [0:00:04:00] にコピー＆ペーストして作成します ⓫。

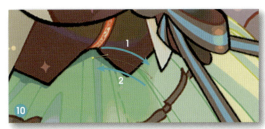
パペットピン2

パペットピン3

パペットピン4

ハンドルの操作が紙面上だけではわかりづらいという場合は、こちらの制作動画を参照してみてください。

さらにSTEP4（p.91-94）の作業内容と同様の作業で、キーフレームをコピー＆ペーストして6秒間全てで繰り返しの動きを追加します⑫。ハンドルの軌道調整も行いましょう。

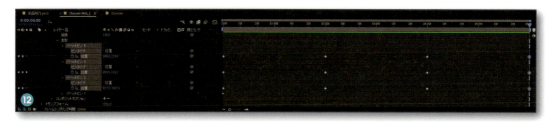

最後にSTEP5（p.95）の作業内容と同様の作業でピン2〜4に加速と減速を加えます⑬。
今回は再生のタイミング調整を加えると全身がうねってしまいおかしな動きとなるので、タイミング調整作業はしないでおきます。
これでキャラクターの動きは完成です。

POINT

今回のように、コンポジションとして複数のパーツ（レイヤー）を1つにまとめておけば一気に動かすことができる上に、動きをつけたパーツをさらに動かすといった二重の動きを作成することも可能です。そのことから、イラスト作成時にまとめて動かすパーツはあらかじめグループフォルダに入れておくと便利ですが、AE上でグループフォルダ化することもできます。これを「プリコンポーズ」と言います。プリコンポーズしたいレイヤーを選択し、［レイヤー］＞［プリコンポーズ］を選択します①。

するとプリコンポーズの設定を入力するダイアログボックスが開きます②。

［すべての属性を「〇〇」に残す］の設定は、移動・大きさの変更やパペットピンエフェクトなどの変化を与えた情報は残し、初期設定状態のレイヤーのみを別のコンポジションを作成して移してくれます③④。この設定は複数のレイヤーをまとめてプリコンポーズするときには選択することができません。単体のレイヤーをプリコンポーズするときのみ選択できます。

［すべての属性を新規コンポジションに移動］を選択すると、レイヤーに加えた変化全てを含めて別のコンポジションを作成して移してくれます⑤⑥。

［選択したレイヤーの長さに合わせてコンポジションのデュレーションを調整する］はレイヤーの表示時間に合わせて新規コンポジションのデュレーションを設定してくれます。

［新規コンポジションを開く」にチェックを入れるとプリコンポーズと同時に新規コンポジションをタイムラインパネルに表示してくれます。

基本は［すべての属性を新規コンポジションに移動］［新規コンポジションを開く］を選択するとよいでしょう。

> **STEP12** レンダリングで
> ムービーファイルを作成する

キャラクターの動きが完成したので、最終合成結果を確認します。タイムラインパネルで「動画制作part2」コンポジションのタブをクリックして移動したら、背景との合成結果を確認するためにプレビューを行い、問題がなければレンダリングでムービーファイルを書き出しましょう。
作業の流れは1-12（p.66-67）と同じになります。
［ファイル］メニュー>［書き出し］>［レンダーキューに追加］を選択しますが、この時にコンポジションを選択していないと[レンダーキューに追加］ができないので❶、必ず書き出すコンポジションを選択してから［レンダーキューに追加］を行います。
また、レンダーキューに追加された後もレンダリングのコンポジション名を確認してください❷。

ここで注意が必要なのは、プロジェクトパネルでコンポジションを選択していると、そちらの選択を優先して追加してしまうので❸、慣れないうちはタイムラインパネルで書き出したいコンポジションを選択してプロジェクトパネルでは選択せずにレンダーキューに追加をしてください。

追加された「動画制作Part2」キューでは、[レンダリング設定]と[出力モジュール]はすでに動画共有サイトやSNSといったソーシャルメディアに適した形になっているので変更はせずに出力先を指定します❹。
レンダリングが終了すると出力先に指定した場所にムービーファイルが作成されていることが確認できます❺。
ムービーファイルを再生して確認し、問題がなければ動画の完成です。書き出し終えたレンダーキューは削除しても問題ありません❻。

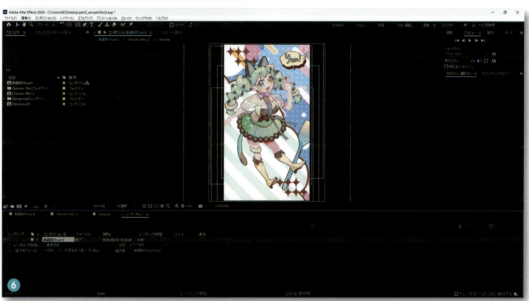

POINT

キャラクターをパーツごとにパペットピンで動かす作業の流れは、基本としてSTEP1〜5の作業となりますが、パーツによってはピンの数や繰り返しの間隔、タイミング調整を変えることで動きに違いを出すことができます。軽いもの、重いもの、長いもの、短いものといった各パーツのイメージに合わせた動きを作成・調整することで、より動きを演出することができます。
サンプルファイル「Part2_extra_ver」は、今回動きを作成したパーツ以外のパーツにもパペットピンで動きを作成してあるファイルになります。他のパーツにも動きを加えたい場合は参考にしてください。

▶part 3

音楽を使用した長尺の動画を制作

Part3では音楽（BGM）を使用して、それに合わせた再生時間の長い動画を作成します。そのため数秒間ではなく数分間の尺となるので、キャラクターの動きを繰り返し行えるようにパーツ分けした連番画像で長尺に対応します。そして背景をループ移動で繰り返し使用したり、エフェクト（特殊効果）や簡単なカメラワークを取り入れたりすることで、長尺の動画に変化を加える方法を解説します。

3-1

音声ファイルの再生時間に合わせた
コンポジションを作成する

この章ではBGMとして音楽を使用するので、
音声ファイルの再生時間に合わせた尺の動画を作成するため、
初めに音声ファイルを読み込むところからスタートします。
そしてそれに合わせたデュレーション設定のコンポジションを作成します。

プロジェクトパネルに「Part3_Sample」のサンプルファイルの中から「Someday in the Rain.mp3」を読み込みます。この時、[ファイルを読み込み]ダイアログボックス右下にある[コンポジションを作成]ボタンをオンにしておきましょう❶。読み込みと同時に、その音声ファイルの時間に合わせてデュレーションを自動で設定してコンポジションを作成してくれます。
これで動画を制作するためのベースとなるコンポジションができました❷。

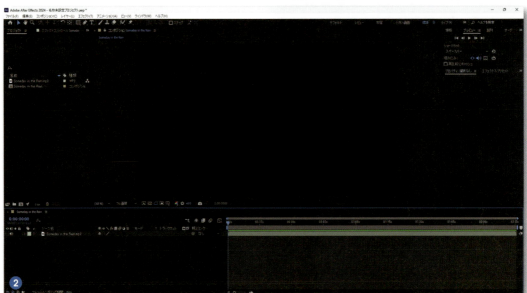

この段階でプレビューして音楽を再生すると、終わりの部分で無音の時間が少し多いのが気になります。そこでコンポジションの設定を変更します。プロジェクトパネルもしくはタイムラインパネルで「Someday in the Rain」コンポジションを選択した状態で［コンポジション］メニュー＞［コンポジション設定］を選択して❸、コンポジション設定ダイアログボックスを表示します。

すると音声ファイル読み込み時に作成した「Someday in the Rain」コンポジションの設定が確認できますが、この時作成されたコンポジションのデュレーション以外の設定は、前回作成したコンポジションの設定と同じになっていることが確認できます。これらも含めてコンポジションの設定を変更していきます。
コンポジション名は「Part3」、プリセットは「ソーシャルメディア（横長HD）・1920 x 1080・30fps」、デュレーションは「0:02:14:00」に設定します❹。
今回はMVのような音楽つきの動画を制作したいので、Part1のときと同じ横長の設定です。また、元の音声ファイルは2分15秒のデータでしたが、終わりの1秒分をカットして使用することにします。

POINT 今回のように、ファイルの読み込み時に一緒にコンポジションを作成する時や、PSDファイルをコンポジション形式で読み込んだ時に自動で作成されるコンポジションの設定は、最後に作成したコンポジションと同じ設定が引き継がれます。

3-2

背景素材と連番画像のファイルを読み込んでタイムラインに配置

ここでは背景素材と連番画像のファイルを読み込んでタイムラインに配置します。
今回読み込む連番画像のファイルは、シーケンスというひとまとめにして読み込む機能を使うことで、
この後の作業や管理がとても楽になります。
繰り返し何度も使用する連番画像のファイルを扱う際、
このシーケンスでの読み込み方は必須になるので、ここで覚えておきましょう。

STEP1 背景素材のファイルを読み込む

サンプルファイル「Background3.psd」を読み込みます。（「Background3_2.psd」ファイルは後で使用するため、今は読み込まないでおきます。）
この時、先ほど音声ファイルを読み込んだ際に設定した［コンポジションを作成］ボタンがオンになったままになっているので、これをオフに戻してから読み込みます❶。
今回は背景の中心点を全て同じにして読み込みたいので、読み込みの種類は［コンポジション］とし、［編集可能なレイヤースタイル］で読み込みます❷。
読み込んだ背景をコンポジション内に配置していきます。今回は「Background3」コンポジションを「Part3」コンポジションに配置するのではなく、「Background3 レイヤー」フォルダ内の個別レイヤーをそれぞれ配置していきます。
「Background3 レイヤー」フォルダを開くと、各レイヤーの名前に重ね順に合わせた番号が書いてあります。このようにコンポジションで読み込んだPSDファイルを個別レイヤーで使用する場合は、レイヤー名に重ね順の番号を書いておくとAfter Effects上での作業が便利になります❸。

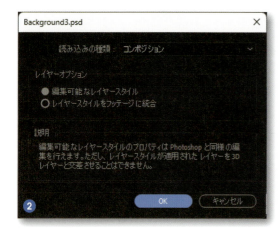

STEP2 背景素材をタイムラインに配置する

1.夜空から**8.はしご**までの8レイヤーをタイムラインに番号順に重ねて配置します。音声ファイルはどこに配置しても問題ありませんが、今回は一番上に配置しておきます❶。
コンポジションパネルで合成結果を確認すると、読み込み時に［コンポジション設定］で読み込んで中心点を全て同じにしていたことで、個別レイヤー配置においてもペイントソフトでの配置と同じ位置に配置されていることが確認できます❷。
背景素材のサイズは大きめに作成してあるので画面外にはみ出ている部分がありますが、サイズ調整は後で一括して行うため、今回はこのサイズのままで作業を進めます。
この動画はキャラクターが列車に乗って移動している様子をアニメーションにするため、背景に列車の車内が描かれ、さらに車窓の奥には夜景が広がっています。

STEP3 キャラクターの連番画像ファイルを読み込む

キャラクターの各サンプルファイルを読み込みます。今回のファイルはPart2の時と同様に、動かす部位ごとにパーツ分けされたファイルになっています。

ただ、動きはパペットピンを使って動かすのではなく、パラパラ漫画のように絵を入れ替えてアニメーションにするため、部位ごとに動く分だけの複数の連番画像ファイルで作成してあります❶。これらの素材をそのままAfter Effectsに読み込んでしまうと、枚数が多いことから管理が非常に大変になります❷。

そこで連番画像ファイルを1つにまとめて読み込むことで管理を簡単にします。［ファイルを読み込み］ダイアログボックスを表示させたら「Book Page」フォルダ内にある「Book Page_01.png」を選択します。するとボックス右側にある［PNGシーケンス］ボタンが自動でオンになっていることを確認します❸。

オンになっていることを確認して［読み込み］ボタンを押すと、プロジェクトパネルに「Book Page_[01-07].png」といった形で、7枚あったBook Page素材が1つにまとまった状態で読み込まれました❹。

他の「Character A」「Character B」「Character B_s arm」「Character B_s eyes」「Character B_s hair」フォルダも同様にシーケンスで読み込みます❺。（「End Credits」フォルダ内のレイヤーは後で読み込むので今は読み込まないでおきます。）

> **POINT**
>
> シーケンスとは「ひとつづきの」や「一連の」といった意味があり、この「○○シーケンス」ボタンをオンにすることで複数枚の素材を1つにまとめて読み込むことができます。とても便利な機能ですが、まとめて読み込むためには条件があり、ファイル名を以下の3つの法則に従ってつける必要があります。
> ・ファイル名を同じにする
> ・ファイル名の末尾に連続した番号をつけ、その番号の桁数を揃える
> ・ファイル形式を同じにする
> 今回読み込んだファイルを例にすると、ファイル名を全て「Book Page_」とし、末尾の連続した番号の桁数を2桁に揃えていました。また、ファイル形式を「PNG」形式に揃えていたことでシーケンスで読み込む条件を満たし、1つにまとめて読み込むことができました。シーケンスで読み込むファイル形式はPNGだけでなくPSDやTGA、JPGなどほとんどのファイル形式に対応しています。
> 2〜3枚で作成した動きであればそれぞれの画像を原画として個別に読み込んで使用しても手間はかかりませんが、複数枚で作成した動きは連番画像としてシーケンスレイヤー機能で読み込んで使用すると非常に便利です。

STEP4　連番画像ファイルをタイムラインに配置する

シーケンスで読み込んだ連番ファイルをタイムラインに配置します。そして「7.車内/Background3.psd」の上に「Character A」「Character B」「Character B_s eyes」「Character B_s hair」「Book Page」「Character B_s arm」の順で上に重ねていきます❶。
これで素材の配置は完了です❷。画面の左右に2人のキャラクターが配置されました。
いったんここまでの作業を「Part3」という名前で「Part3_Sample」フォルダ内に保存しておきましょう❸。

3-3

2人のキャラクターの動きを作成する

先ほど読み込んだキャラクターの連番画像ファイルを活用して、2人のキャラクターの動きを作成します。
今回は長尺の動画を作成するため、キャラクターの動きを繰り返し使えるように作成してあるので、
その繰り返しの指示をタイムライン上で行います。

STEP1 「Character A」の連番画像ファイルに対して、好きなタイミングで好きな番号の画像を表示できる状態にする

「Character A」は画面左側で寝ているキャラクターです。寝息を立てている動きを5枚の連番画像としてファイルが作成されています。
タイムラインを見るとCharacter Aレイヤーのデュレーションバーが非常に短いことが確認できます❶。
そこでタイムラインを拡大してみます。タイムライン中央下部にある[ズームイン/ズームアウト]のスライダーを右側のズームインへと動かすと、現在の時間を中心にタイムラインが拡大表示となります❷。
[現在の時間インジケーター]バーを右へ動かすとCharacter Aレイヤーは「0:00:00:01」の時間経過ごとに連番画像が入れ替わりで表示されて、5枚目の表示以降はデュレーションバーが切れて表示されなくなっていることが確認できます❸。
これはシーケンスとしてひとまとめに読み込んだためであり、このままでは動きを作ることができません。そこで「タイムリマップ」という機能を使用して、好きな時間に好きな番号の画像を表示できるようにします。

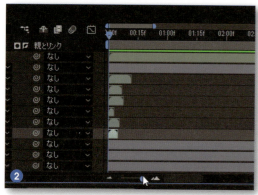

タイムラインパネルでCharacter Aレイヤーを選択したら、[レイヤー]メニュー＞[時間]＞[タイムリマップ使用可能]を選択します❹。

するとタイムラインパネル上のCharacter Aレイヤーに［タイムリマップ］というプロパティが表示され、2つのキーフレームが作成されているのが確認できます❺。

作成された2つのキーフレームのうち、右側のキーフレームは使用しないので削除しておきます❻。

次にデュレーションバーが伸ばせるようになっているので、動画の最後の時間まで伸ばすことでCharacter Aが途中で消えないようにします。タイムライン中央下部にある［ズームイン／ズームアウト］を使用して、タイムライン全体を適宜拡大縮小表示しながら最後まで伸ばします❼❽。

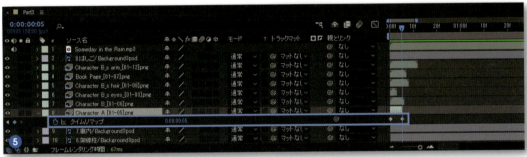

POINT　レイヤーのデュレーションバーを伸ばす／縮める場合、ショートカットを使用すると簡単に行うことができます。［Altキー］を押しながら［］］キーを押すと現在の時間までデュレーションバーの後方の長さを調整してくれます。また［Altキー］を押しながら［［］キーを押すとデュレーションバーの先頭の長さを現在の時間まで調整することができます。ただし、デュレーションバーの長さ調整においてシーケンス機能で連番画像をひとまとめにして読み込んだレイヤーは、タイムリマップ機能を使用しないと画像枚数より先にデュレーションバーを伸ばすことはできないので、その場合はタイムリマップを使用してから伸ばします。

STEP2 「Character A」の5枚の絵を時間経過と共に入れ替え、
パラパラ漫画のようにキャラクターを動かす

続いて、**Character A**レイヤーの表示画像を数値で指定して入れ替えるようにします。

Character Aレイヤーのプロパティに追加されたタイムリマップを見ると、右側に青い数字が表示されています❶。この数字で「Character A」の1～5の何枚目を表示するかを指定できるのですが、「0:00:00:00」と時間表記になっているため、何枚目を表示しているのかとても分かりにくくなっています。

そこで時間表示ではなく枚数表示に変更します。[ファイル] メニュー > [プロジェクト設定] を選択します❷。

表示されたプロジェクト設定ダイアログボックスの中の [時間の表示形式] タブを選択し、その中から [フレーム] の方を選択し、[フレーム数] の部分を [1から開始] に変更にしたらOKボタンを押します❸。

するとタイムリマップ右側の数字が時間表記から枚数表記へ変更になったことが確認できます❹。これで**Character A**レイヤーは、タイムリマップの0秒目に1とキーフレームが作成されていることから、連番画像の5枚のうち1枚目を表示している、ということになりました。

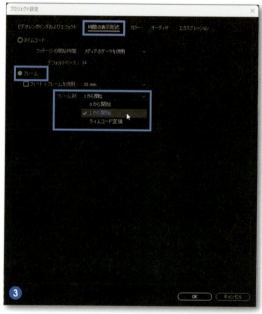

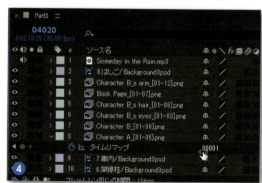

POINT

時間の表示形式を時間ではなく枚数表記に変えたことで、タイムライン左上の時間表記も枚数表記に変更になっています。この表記の数字は、コンポジションを作成した時にフレームレートの項目で30と設定したことに関係があります❶。

このフレームレートというのは1-4（p.20）で解説した通り、1秒間に何枚の絵をパラパラ漫画のように入れ替えて表示するかという項目です。そのことから1秒間は30枚、2秒間は60枚、10秒間は300枚といったように、秒×30換算で時間が枚数表示されています。この1枚1枚表示する画のことを「フレーム」と言います。

また、フレーム表記になったその下に小さく時間表記もされているので、そちらで時間を確認することもできます❷。ただ時間表記と枚数表記で数値に1だけずれがありますが、これは時間は0秒目からスタートし、枚数は1枚目からスタートするので、その差の1だけ違いが出ている状態です。実際の時間はずれていないので、どちらも確認しながら作業を進めてください。（時間表記はCtrlキーを押しながらクリックすることでも変更できます。）

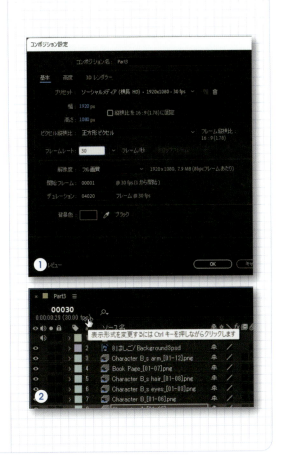

枚数表記になったので、**Character A**レイヤーを時間経過と共に2枚目へと入れ替える指示をタイムリマップで行います。現在の時間を37フレームまで移動したら**Character A**レイヤーのタイムリマップの数値を「2」と入力してキーフレームを作成します❺。
これで、「Character A」の絵が1枚目から2枚目へと入れ替わりました❻。

続いて右記の時間にタイムリマップへ数値を入力してキーフレームを作成します❼。

41フレーム	3	85フレーム	4
45フレーム	4	89フレーム	3
49フレーム	5	93フレーム	2
		97フレーム	1

これで、息を吸う／吐くの寝息の動きが作成できました。ただこのままではタイミングがおかしなことになっているので修正します。現在の時間を49フレームから50フレームの間で行ったり来たりすると、タイムリマップにキーフレームを作成していないのに、勝手に「Character A」の表示が変わっていることが確認できます❽。
これは、キーフレーム間の自動補間が原因で、キーフレームを2つ以上作成するとその間を勝手に補間しようとすることから起こる現象です。レイヤーを移動させるといった場合はこの自動補間のおかげでスタートから終わりまでの間の動きを自動で作成してくれて便利なのですが、表示番号を勝手に変えられてしまうのは困りものです。そこで1-9（p.44-51）の作業同様にこの自動補間機能を停止にして補間させないようにします。
Character Aレイヤーに適用しているタイムリマップの文字をクリックして、そこに作成したキーフレームを全選択します❾。
［アニメーション］メニュー＞［停止したキーフレームの切り替え］を選択します❿。
するとキーフレームの形が変わり⓫、現在の時間を49フレームから50フレームの間で行ったり来たりしても「Character A」の表示が変わらなくなったことが確認できます。

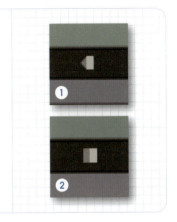

POINT

停止したキーフレームの切り替えを行ったキーフレームは野球のホームベースを横にしたような形に変化しますが①、四角形になることもあります②。これはキーフレームを作成した後に停止にしたか、停止にした後にキーフレームを作成したかによって形が変わります。厳密にいうと違いはあるのですが、全てのキーフレームを停止にしている状態であれば違いは出ないので、どちらの形でも問題ありません。

STEP3 エクスプレッションを用いて時間いっぱいに繰り返しの動きをつける

これで、息を吸う／吐くの1往復動作が作成できました。これを動画全体の2分14秒間全てで繰り返し動作を作成していくのですが、キーフレームをコピー＆ペーストしていくと手間がかかる上に、繰り返しのタイミングがずれてしまう可能性もあります。そこで、今回のように一定の間隔で繰り返す動きを手動で作成するのではなく、After Effectsに命令して作成する方法、エクスプレッションを使用して簡単に作成します。

Character Aレイヤーのタイムリマップ部分を選択したら❶、［アニメーション］メニュー＞［エクスプレッションを追加］を選択します❷。

するとエクスプレッションのプロパティが追加され、デュレーションバーの下に英文を打ち込める状態になります❸。ここに英文で「現在作成しているキーフレームを繰り返せ」と命令することで、After Effectsが自動で繰り返しを作成することができます。しかしいきなり英文で命令文を作成するというのも難しいので、あらかじめ用意されている命令文を使用します。

エクスプレッションプロパティ右側にある [▶] の [エクスプレッション言語メニュー] をクリックして❹、[Property] > [loopOut(type = "cycle", numKeyframes = 0)] を選択します❺。

選択した英文が自動で入力されるので❻、キーボードにある [Enter] キーを押して命令文を確定させます。プレビューを行うと、キーフレームを作成していないにもかかわらず自動で寝息の繰り返し動作が行われていることが確認できます。

この [loopOut(type = "cycle", numKeyframes = 0)] という命令文は、作成したキーフレームの中で、最後尾に位置するキーフレーム、今回で言うと97フレーム目のキーフレームを起点に最初のキーフレームから繰り返しを行うというものです。この繰り返しは現在作成しているキーフレームのタイミングを変更したとしても、最後尾に位置するキーフレームを起点に繰り返されます。長尺の動画制作においてシーケンスで読み込んだ連番画像の繰り返し動作を作成する場合には必須と言える機能です。（エクスプレッションを削除したい場合は英文を削除するだけでOKです。）

STEP4 「Character B_s eyes」にも繰り返しの動作を作成する

「Character B_s eyes」は画面右側キャラの、目のまばたきの動きが描かれた連番画像です。こちらも一定の間隔で繰り返す動作を作成します。
Character B_s eyesレイヤーにも**STEP1（p.122-123）**の作業を行い、タイムリマップでキーフレームを作成できる状態にしたら右記の時間にタイムリマップへ数値を入力してキーフレームを作成し、[停止したキーフレームの切り替え]を適用して補間を停止にさせます❶。

```
1フレーム    1
（タイムリマップ適用時に自動作成されます）
180フレーム   2
183フレーム   3
186フレーム   1
```

STEP3（p.127-128）で作業した内容と同じく、エクスプレッションで [loopOut(type = "cycle", numKeyframes = 0)] の命令文を追加します❷。
これで、「Character B_s eyes」でのまばたきの動きが一定間隔で繰り返すようになりました❸。
この段階ではキャラクターのベース部分である「Character B」の設定を変えていないため、目の部分だけ再生する状態で見づらいかもしれませんが、このあと「Character B」の設定を行います。

1フレーム

180フレーム

183フレーム

186フレーム

STEP5 他のシーケンスで読み込んだ連番画像ファイルも動きを作成する

他のファイル「Character B」「Character B_s hair」「Character B_s arm」「Book Page」は一定間隔の繰り返しだと動きが機械的になってしまいそうなので、こちらは手動でタイミングを調整しつつ繰り返しの動作を作成します。
窓の方を向く動きの連番画像である「Character B」にもSTEP1 (p.122-123) の作業を行い、タイムリマップにキーフレームを作成できる状態にしたら右記の時間にタイムリマップへ数値を入力してキーフレームを作成し、[停止したキーフレームの切り替え] を適用して補間を停止にさせます❶。

1フレーム　1	
（タイムリマップ適用時に自動作成されます）	
1401フレーム　2	2936フレーム　2
1405フレーム　3	2940フレーム　3
1409フレーム　4	2944フレーム　4
1560フレーム　5	3300フレーム　5
1564フレーム　6	3304フレーム　6
1568フレーム　1	3308フレーム　1

これで動画全体の中で右側のキャラ「Character B」が窓の方を2回向く動きができました。しかし振り向いている最中の顔を確認すると、目が重なっていることが確認できます❷。
これは「Character B」が本を読んでいる最中にだけ目の動きを繰り返すために、目を別レイヤーで作成したことで振り向きの動作中に目が重なってしまっていることが原因です。そこで振り向いている間は**Character B_s eyes**レイヤーを不透明度0％にして消しておきます。
Character B_s eyesレイヤーの不透明度プロパティに右記のタイミングでキーフレームを作成します。
作成したキーフレームはそのままだと自動補間が適応され、だんだんと消えていく／現れるという変化になってしまっているので、不透明度に作成したキーフレームも全て[停止したキーフレームの切り替え]で補間を停止状態にします❸。

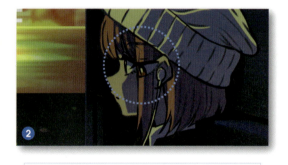

1フレーム　100％	
（ストップウォッチマークを押して作成）	
1401フレーム　0％	
1568フレーム　100％	
2936フレーム　0％	
3308フレーム　100％	

続いて髪をかき上げる腕の動きの連番画像である「Character B_s arm」にもSTEP1 (p.122-123) の作業を行い、タイムリマップにキーフレームが作成できる状態にしたら右記の時間にタイムリマップへ数値を入力してキーフレームを作成し、[停止したキーフレームの切り替え] を適用して補間を停止にさせます❹。
これで髪をかき上げる腕の動きが1回作成できました❺。

1フレーム　1	
（タイムリマップ適用時に自動作成されます）	
481フレーム　2	505フレーム　8
485フレーム　3	509フレーム　9
489フレーム　4	513フレーム　10
493フレーム　5	517フレーム　11
497フレーム　6	521フレーム　12
501フレーム　7	525フレーム　1

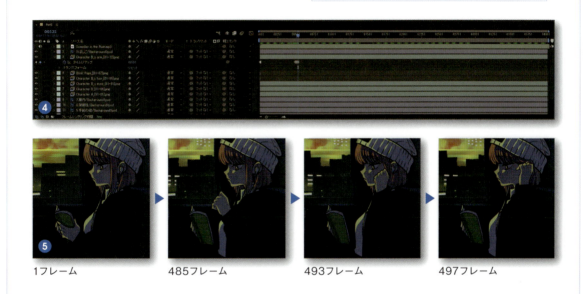

1フレーム　　485フレーム　　493フレーム　　497フレーム

残りの時間内でさらに何度か髪をかき上げる動作を作成したいので、今作成したキーフレームをコピー＆ペーストで作成していきます。481フレームから525フレームまでの12個のキーフレームを選択してコピーし❻、それぞれ「1096」「1711」「2401」「3391」フレームのタイミングでペーストしていきます❼。
これで動画全体の中で5回、髪の毛をかき上げる腕の動きが作成できました。

続いてかき上げられた髪の動きの連番作画である「Character B_s hair」にも**STEP1 (p.122-123)** の作業を行い、タイムリマップにキーフレームが作成できる状態にしたら右記の時間にタイムリマップへ数値を入力してキーフレームを作成し、[停止したキーフレームの切り替え]を適用して補間を停止にさせます❽。
これで「Character B_s arm」の動きに合わせて、髪がかき上げられた後に元の位置に戻るという動きが1回作成できました。

1フレーム	1		
（タイムリマップ適用時に自動作成されます）			
493フレーム	2	537フレーム	6
497フレーム	3	541フレーム	7
501フレーム	4	545フレーム	8
533フレーム	5	549フレーム	9

残りの「Character B_s arm」の動きに合わせての髪の動きを作成するため、今作成したキーフレームをコピー＆ペーストで作成していきます。ただ、髪の毛の連番画像は前半で髪の毛がかき上がり、後半で髪の毛が元の位置に戻る動きになります。そのため元の位置に戻るまでの間の時間をそれぞれのコピー＆ペーストで変更したいので、まずはかき上がる髪の動き部分だけコピー＆ペーストしていきます。
493フレームから501フレームまでの3個のキーフレームを選択してコピーし❾、それぞれ「1108」「1723」「2413」「3403」フレームのタイミングでペーストしていきます❿。

続いて髪の毛が元の位置に戻る動きの533フレームから549フレームまで、5個のキーフレームを選択してコピーし⓫、それぞれ「1351」「1860」「2625」「3481」フレームのタイミングでペーストしていきます⓬。
これで髪の毛が戻るまでのタイミングがそれぞれ異なる動きを5回作成できました。

ただ、このままでは「Character B_s eyes」同様に振り向きの動作時に髪の毛が二重になってしまいます⓭。そこでCharacter B_s eyesレイヤーと同じタイミングで不透明度を変化させます。
Character B_s eyesレイヤーの不透明度プロパティの文字をクリックして不透明度に作成されているキーフレームを全選択したらコピーを行い⓮、現在の時間を1フレーム目に移動してからCharacter B_s hairレイヤーの不透明度を選択してペーストします⓯。
これで振り向き時に重なった髪の毛を消すことができました。

STEP6 レイヤーの表示／非表示を簡単にする

最後に「Book Page」の表示入れ替えを行いますが、このレイヤーは本のページがめくれる動きなので、めくれている時だけ表示させてめくり終わったら非表示にする必要があります。また、多くの繰り返し動作が必要になるため、目や髪の毛のレイヤーのように、その都度不透明度プロパティに0％や100％のキーフレームを作成して表示／非表示にするには手間がかかります。

そこで不透明度プロパティを使わずにタイムリマップのみで表示／非表示を行います。そのためには連番画像において一番最初、もしくは一番最後の画像に何も描かれていない全面透明の素材を作成しておきます。「Book Page」の場合は1番目の「Book Page_01.png」を全面透明にして作成してあります❶。こうすることで、タイムリマップに「1」とキーフレームを作成すると何も描かれていない画像が表示されるので、それが不透明度0％と同じ効果になるという仕組みです。

「Book Page」にもSTEP1 (p.122-123) の作業を行い、タイムリマップにキーフレームが作成できる状態にしたら右記の時間にタイムリマップへ数値を入力してキーフレームを作成し、[停止したキーフレームの切り替え] を適用して補間を停止にさせます❷。

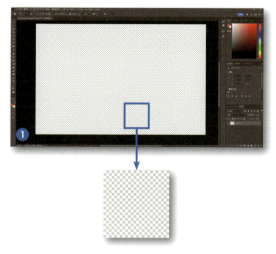

1フレーム	1		
（タイムリマップ適用時に自動作成されます）			
361フレーム	2	373フレーム	6
364フレーム	3	376フレーム	7
367フレーム	4	379フレーム	1
370フレーム	5		

残りの時間はコピー＆ペーストで作成していきます。361フレームから379フレームまでの7個のキーフレームを選択してコピーし❸、それぞれ「691」「991」「1291」「1801」「2071」「2491」「2821」「3331」フレームのタイミングでペーストしていきます❹。

これでキャラクターの動きの作成は完了です。

POINT

タイムリマップでは数値入力で画像を入れ替えましたが、レイヤーバーの長さで表示時間を調節してそのレイヤーを階段状につなげて画像を入れ替える方法の時はつなげる作業が手間になるときがあります。そんな時は「シーケンスレイヤー」機能を使えば一発でつなげてくれます。

やり方として、まずレイヤーをつなげる順番に複数選択していきます①。[アニメーション] メニュー > [キーフレーム補助] > [シーケンスレイヤー] を選択して②、開いたシーケンスレイヤーダイアログボックスでOKを押すと③、選択した順番にレイヤーを一発でつなげてくれます。この時、レイヤーの重ね順に関係なく、選択順につないでくれます。これは何度でも行えるので、例えばつなげた後にレイヤーバーの長さを調節した後でも「シーケンスレイヤー」機能を使えば、調節したレイヤーバーで再度つなぎ直すことができます④。

連番画像の入れ替えの間隔や階段状につなげるときの入れ替えの間隔は、狭めれば早い動きになり広げればゆっくりとした動きの表現になります。このように素材や動きに合わせてタイミングを調整することで、全体として動きにメリハリを作ることができます。

3-4

背景の動きを作成する

キャラクターの動きが作成できたので、次は列車の窓から見える、流れる風景を作成します。
長尺の動画だとその時間分動かすための大きな背景を描かなければなりませんが、
After Effectsのエフェクトを使用するとループして使える状態にすることができます。
大きい背景を作成せずに、長尺動画で流れる風景をループで作成していきます。

STEP1 夜空・曇り空・奥の街と川レイヤーを動かす

はじめに夜空を動かします。夜空は一番遠くにある背景なので、動きもゆっくりにします。
タイムラインで**2.曇り空**レイヤーの一番左にある目玉マークの[表示／非表示]ボタンをオフにして非表示にしたら❶、**1.夜空**レイヤーの位置プロパティを開き、1フレーム目の位置を「430.0 , 540.0」に設定して、ストップウォッチマークをクリックしてキーフレームを作成します❷。

続いて動画の最後である4020フレームに現在の時間を移動したら、**1.夜空**レイヤーの位置プロパティを「770.0 , 540.0」と設定してキーフレームを作成します❸。
これで夜空の背景の動きが作成できました。

次に**2.曇り空**レイヤーを動かしますが、この曇り空レイヤーは夜空が途中で曇るという表現のために用意したレイヤーなので、夜空と同じ速度で動かす必要があります。そこで「親とリンク」機能を使ってキーフレームを作成せずに夜空レイヤーと同じ動きをさせます。

現在の時間を1フレームに移動したら**2.曇り空**レイヤーを表示に戻し❹、タイムライン中央にある［親とリンク］部分にある渦巻のマーク［親ピックウィップ］をドラッグします。すると紐のようなものが出てくるので**1.夜空**レイヤーにつなぎます❺。

これで**2.曇り空**レイヤーは**1.夜空**レイヤーと手をつないだような状態になり、同じ動きをするようになりました。プレビューで確認すると**1.夜空**レイヤーと同じ速度で動いていることが確認できます。

POINT　親とリンクは設定した時間から同じ動きを始めるため、例えば1000フレーム目に現在の時間を移動してから親とリンクを設定すると、その時点での1.夜空レイヤーの位置から同期が始まります。親とのリンクを解除する場合は2.曇り空レイヤーの［親とリンク］部分をクリックして「なし」を選択すれば解除することができます。
こちらも解除した時間の位置で動きが止まるため、親とリンクを設定した時間と同じ時間で解除しないと設定前と位置がずれることになるので注意が必要です。

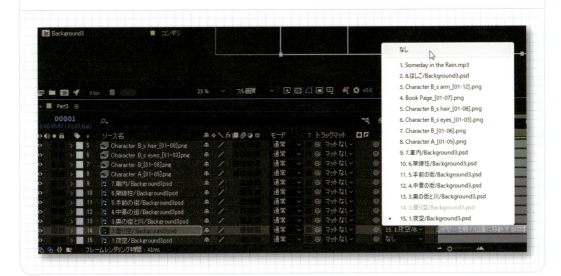

POINT

タイムラインでレイヤーの右側に表示されるスイッチ群や描画モードは、画面左下にあるスイッチで表示／非表示を切り替えることができます。

曇り空レイヤーを途中から現れるようにします。
2.曇り空レイヤーの不透明度プロパティに右記のようにキーフレームを作成します❼。（キーフレーム間は何もせずに補間状態のままにしておきます。）
これで動画の途中から徐々に曇り空へと変化するようになりました❽。

> 691フレーム
> 　不透明度　0％
> 932フレーム
> 　不透明度　100％

691フレーム　　　932フレーム

奥の街と川レイヤーにも動きを加えていきます。先ほど動かした**1.夜空**レイヤーと同じ速度にはせず、少し速めに移動させます。そのため、親とリンクは使わずにキーフレームを作成して動かします。
タイムラインで**3.奥の街と川**レイヤーの位置プロパティに右記のようにキーフレームを作成します❾。
これで**1.夜空**レイヤーよりも速く動くようになったので、運動視差により奥行きを感じる動きに設定できました。

> 1フレーム
> 　位置　-500.0 , 540.0
> 4020フレーム
> 　位置　1364.0 , 540.0

STEP2 中景の街と手前の街を動かす

次に中景の街を動かします。今回も運動視差による奥行きを感じる動きに設定したいので、**3.奥の街と川**レイヤーよりも速く動かします。
タイムラインで**4.中景の街**レイヤーの位置プロパティに右記のようにキーフレームを作成します❶。

```
1フレーム    位置    -400.0 , 475.0
4020フレーム  位置   14000.0 , 475.0
```

これで**3.奥の街と川**レイヤーよりも速く動いて運動視差による奥行きを表現できましたが、速く動かしたことで800フレーム目の時間あたりから中景の街レイヤーの長さが足りずに切れてしまっています❷。
しかし切れないように中景の街レイヤーを描き足すとなると、4000フレームの時間全てで移動させ続ける長さにしなければならず、現在の5倍以上の長さに描き足すことになってしまいます。しかもファイル自体の容量が膨大となってしまい、作業に支障が出てしまいます。
そこでエフェクトを使用して、背景をループして使えるようにすることで、描き足さなくとも現状の長さで動画の最後まで移動させ続けられるようにします。
タイムラインで**4.中景の街**レイヤーの位置プロパティに作成したキーフレームはいったんすべて削除して、数値は「-400.0 , 475.0」にしておきます❸。
続いて**4.中景の街**レイヤーを選択した状態のまま、[エフェクト]メニュー>[ディストーション]>[オフセット]を選択します❹。

すると**4.中景の街**レイヤーに「オフセット」エフェクトが
適用されるので、タイムライン上の**4.中景の街**レイヤーの
［エフェクト］プロパティ＞［オフセット］プロパティを開
きます❺。
　［中央をシフト］プロパティに下記のようにキーフレーム
を作成します❻。
　オフセットエフェクトの効果により、ループして何度も
4.中景の街レイヤーが出現するようになりました。

1フレーム　位置　-400.0 , 919.0
4020フレーム　位置　14000.0 , 919.0

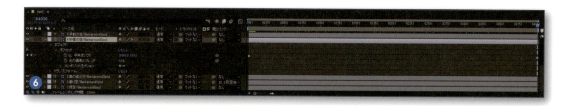

ただし400フレーム目の時間を見るとループ部分での継
ぎ目が出てしまっていることが確認できます❼。
　オフセットを使用してレイヤーをループ使用する時は、左
右の端がつながっているように描いて作成する必要があ
ります。そこでいったんペイントソフトを使ってそのよう
に描き直して上書き保存することでAfter Effectsでも自
動で差し替えてくれるのですが、本書では修正した背景ファ
イル「Background3_2.psd」をサンプルファイルとし
て別途用意してありますので、そちらに差し替えて作業を
進めます。
　プロジェクトパネル内の「Background3 レイヤー」フォ
ルダに入っている**4.中景の街**レイヤーを右クリックして、
［フッテージの置き換え］＞［ファイル］を選択します❽。
サンプルファイルの「Background3_2.psd」を選択して
［読み込み］を押したら❾、［レイヤーを選択］を選択し
て「4.中景の街」を選択します❿。

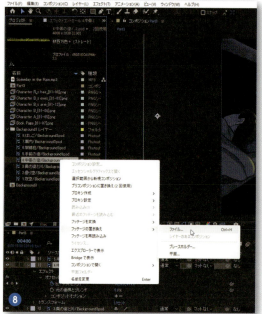

140

これで**4.中景の街**レイヤーのみを入れ替えることができました⓫。
プレビューして動画を確認すると、つなぎ目が消えてループ背景として動画の最後まで動き続けるようになりました。

 今回は途中で背景を描き足すことなく、あらかじめ用意していた別ファイルに差し替えることで作業を進めましたが、Photoshopを用いてレイヤーの両端が繋がるように描く方法について、こちらの動画で解説しています。

続いて**5.手前の街**レイヤーも動かします。こちらは初めからループとして使えるように左右の端がつながった状態で作成してありますので、中景の街の時と同様に「オフセット」エフェクトを使用して［中央をシフト］プロパティに右記のようにキーフレームを作成します⓬。
これで中景の街と手前の街の動きは完成です。

1フレーム	位置	- 900.0 , 870.0
4020フレーム	位置	21800.0 , 870.0

 「オフセット」エフェクトはエフェクト内の設定でレイヤーをループして動かすため、レイヤー自体の位置プロパティにはキーフレームを作成しなくても動かすことができます。そのことから位置プロパティを自由に設定できるので、「オフセット」エフェクトでループで動くレイヤーを、位置プロパティを使って位置調整やキーフレームを作成して別の動きを加えることも可能です。また、［エフェクト］メニュー＞［スタイライズ］＞「モーションタイル」エフェクトも「オフセット」と同様の機能を持っているので、そちらを使用してループ作成することもできます。

STEP3 架線柱を動かす

架線柱は一定間隔で繰り返し窓の外を通り過ぎるので、3-3のSTEP3 (p.127-128) で使用したエクスプレッションを使用して動きを作成します。
6.架線柱レイヤーの位置プロパティに右記のようにキーフレームを作成します❶。

1フレーム	位置	0.0 , 540.0
15フレーム	位置	2400.0 , 540.0
91フレーム	位置	0.0 , 540.0

これで窓の外を1回通り過ぎ、繰り返しのスタート位置に戻る動きができましたが、15フレーム目と91フレーム目のキーフレームの間が補間状態となっているため、このままでは架線柱が逆戻りしている動きになっています。そこで15フレーム目のキーフレームのみ補間を停止にして逆戻りさせずに、91フレームの時間になったら一瞬で繰り返しのスタート位置に戻るようにします。
15フレーム目のキーフレームのみ選択したら❷、［アニメーション］メニュー＞［停止したキーフレームの切り替え］で15フレーム目から91フレーム目の間だけ補間を停止にします❸❹。

この動きをエクスプレッションで繰り返し行うように命令します。

6.架線柱レイヤーの位置プロパティを選択したら［アニメーション］メニュー＞［エクスプレッションを追加］を選択し❺、エクスプレッションプロパティ右側にある［▶］の［エクスプレッション言語メニュー］をクリックして❻、［Property］＞［loopOut(type = "cycle", numKeyframes = 0)］を選択したら❼、キーボードの［Enter］キーを押して命令文を確定させます❽。

この状態でプレビューを行うと、架線柱が一定の間隔で窓の外を通り過ぎる動きになりました。これで背景の動きの作成は完了です。

3-5

エフェクトを使用して雨と雪を作成する

After Effectsには強力なエフェクトが数多く用意されており、それらを時間経過と共に変化させることもできるので、エフェクトを活用して映像表現をより豊かにすることができます。今回は曲名に合わせて雨を降らし、その後雪に変わるという天気の変化を、エフェクトを使用して作成します。

STEP1　雨を降らせる

After Effectsのエフェクトには大きく分けてレイヤーに変形や発光や色調整といった直接効果を加えるエフェクトと、雨や雪・光の粉や炎といった特殊表現を作成するエフェクトの2種類があります。そして特殊表現作成エフェクトはそれを描くための紙が必要になるので、今回降らせる雨を描くための紙を最初に作成します。この紙のことを平面といいます。

タイムラインパネルで「Part3」コンポジションを選択した状態で［レイヤー］メニュー＞［新規］＞［平面］を選択します❶。

［平面設定］ダイアログボックスが開いたら名前を「雨」、サイズはPart3コンポジションと同じ設定になっているので変更はせずに、カラーをクリックします❷。

するとカラーピッカーが開くのでRGB値オール0（#000000）の真っ黒を選択し❸、OKを押して黒い色の**雨**平面レイヤーを作成していったんタイムラインの一番上に配置しておきます❹。

雨を作成するエフェクトを適用します。
雨レイヤーを選択した状態のまま、［エフェクト］メニュー＞［シミュレーション］＞［CC Rainfall］を選択します❺。
するとプロジェクトパネルがあった場所にエフェクトコントロールパネルが開き、［CC Rainfall］エフェクトのプロパティが表示されるので、以下のように設定して雨の内容を設定します❻。

Drops	300	（雨粒の数）
Size	2.06	（雨粒のサイズ）
Scene Depth	5000	
（雨が画面奥にも降っているように表現する）		
Speed	5000	（雨の移動速度）
Wind	2790.0	
（マイナスの数値で左向き、		
プラスの数値で右向きに吹く風の強さ）		
Variation%(Wind)	78.0	
（雨への風の影響度に変化を持たせる）		
Spread	6.0	
（降る雨の角度を広げる）		
Opacity	100.0	（不透明度）

これで雨がプロパティの内容に合わせて降るようになりました❼。
しかしこのままでは雨の周りの黒色で下のレイヤーが見えないので、レイヤーの［描画モード］を変更します。「描画モード」はペイントソフトにもある描画モードや合成モードの機能と同様で、下のレイヤーとどのように合成するかを設定できる機能です。
タイムラインで**雨**レイヤーの［描画モード］をクリックします❽。

そして［加算］を選択します❾。
その後、**雨**レイヤーを**7.車内**レイヤーの下に移動させます❿。
これで雨が外で降っているようにうまく重なりました⓫。

動画の始めから雨が降ってしまっているので、曇り空になった後に雨が降るように［CC Rainfall］エフェクトのプロパティを設定します。時間の経過と共にエフェクトの設定を変更するにはタイムライン上で行います。
タイムラインにある**雨**レイヤーの［エフェクト］＞［CC Rainfall］＞［Drops］プロパティに右記のようにキーフレームを作成します⓬。
これで雨が途中で降り始め、少しずつ降る量を増やしながら最後は止むという内容になりました。

1171フレーム	Drops	0
1471フレーム	Drops	300
2251フレーム	Drops	350
2551フレーム	Drops	0

STEP2　雪を降らせる

続いて、雨が雪に変わるという表現にするため、雪を降らせます。STEP1 (p.144-146) で作成した雨は途中で止むので、そのタイミングと入れ替えで雪が降るように作成します。雪も特殊表現作成エフェクトなので、まずは平面レイヤーを作成します。
STEP1の作業時と同様に［レイヤー］メニュー＞［新規］＞［平面］を選択し、カラーは黒のままで名前を「雪」として平面レイヤーを作成します❶。
雪レイヤーを雨レイヤーの上に移動させ、雪レイヤーに［エフェクト］メニュー＞［シミュレーション］＞［CC Snowfall］エフェクトを適用します❷。

［CC Snowfall］エフェクトのプロパティを右記のように設定します❸。雪も雨の時と同様に時間経過と共に雪の量を変化させたいので、そうなるとタイムライン上でキーフレームを作成する必要があります。そのことからエフェクトコントロールパネルではなく、タイムライン上の雪レイヤー＞［エフェクト］＞［CC Snowfall］の方で各プロパティを調整しながら、数値変更と共にキーフレームもまとめて作成してしまいます。

Flakes（雪の数）	2251フレーム　0
	2551フレーム　2500
Size	4.92（雪のサイズ）
Variation %(Size)	100.0（サイズのバリエーション）
Scene Depth	5000（雪が画面奥にも降っているように表現する）
Speed	570（雪の移動速度）
Variation%(Speed)	78.0（降る雪の速度のバリエーション）
Wind	786.0（マイナスの数値で左向き、プラスの数値で右向きに吹く風の強さ）
Variation %(Wind)	0（雪への風の影響度に変化を持たせる）
Spread	6.0（降る雪の角度を広げる）
Opacity	100.0（不透明度）

タイムラインで雪レイヤーの［描画モード］をクリックして［加算］を選択します❹。

プレビューで確認すると、雨と入れ替えで雪が降るようになったことが確認できます❺。

POINT

エフェクトを使用したことで画面左上に［エフェクトコントロールパネル］が表示されています。プロジェクトパネルに表示を切り替える際はタブをクリックして切り替えますが①、もしタブが見えない状態になっていて切り替えられないという場合は、エフェクトコントロールパネル右上の［≫］（シェブロンメニュー）ボタンをクリックすることでプロジェクトパネルに切り替えることができます②。

POINT

エフェクトは多くの種類がある上に、「サードパーティプラグイン」と呼ばれる、後から追加できるエフェクトも配布や販売を通じて手に入れることができます。筆者は動画制作だけでなく、イラストの加工や調整にもAfter Effectsのエフェクトを使用して仕上げを行っています。ぜひ様々なエフェクトを試してみてください。

POINT

ここまでの作業過程で何度もプレビューを行っていますが、長尺の動画を全てプレビューするには、PCのメモリ容量が必要となります。もし途中で再生が止まってしまう場合はコンポジションパネル左下の「解像度」を落とすことで速度優先となり、作業環境やプレビューが速くなりプレビュー時間も多くなります①。

一部の時間帯だけプレビューしたい場合は「ワークエリア」を使用します。タイムライン上部にある［ワークエリア］の左端と右端を動かして範囲を定めてプレビューすると、その範囲内のみプレビューしてくれます②。

他にもプレビューパネルの［解像度］を落とすことでプレビュー時だけ速度優先にすることもできます③。

また、プレビューを繰り返していると解像度を落としてもプレビュー時間が短くなってしまうときがあります。そんな時は［編集］メニュー＞［キャッシュの消去］＞［すべてのキャッシュ］を選択して④、［ディスクキャッシュを消去］ダイアログボックスでOKを押すと⑤、今までプレビューしてきた情報や作業工程情報をすべて削除して作業環境を軽くしてくれます。

ただしプレビューは最初からになる上に［編集］メニュー＞［取り消し］でこれまでの作業を巻き戻すことも初期化されてしまうので、もう作業の巻き戻しはしないときに実行してください。

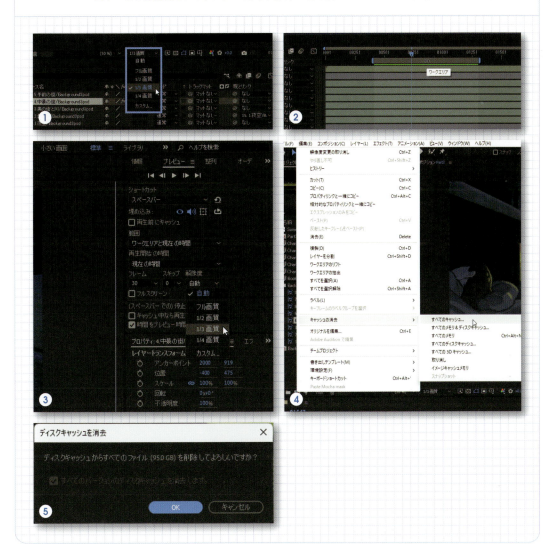

3-6

架線柱に残像効果を加える

先ほどは特殊表現作成エフェクトを作成しましたが、今回はレイヤーに直接効果を加えるエフェクトの「ブラー（方向）」という、一方向にぼかしをかけるエフェクトを使用して、架線柱に残像効果のぼかしを加えます。これにより、列車が高速で動いているというスピード感が表現できます。

窓の外を通過する架線柱に残像効果をエフェクトで加えます。
タイムラインパネルで**6.架線柱**レイヤーを選択したら［エフェクト］メニュー＞［ブラー＆シャープ］＞［ブラー（方向）］を選択します❶。
［ブラー（方向）］エフェクトのプロパティを以下のように設定します❷。
すると**6.架線柱**レイヤーに残像のような左方向へのぼかしが加わったのが確認できます❸。これで残像効果の完成です。

ブラーの方向　0x-90.0°
ブラーの長さ　25.0

POINT

残像効果のぼかしはエフェクトだけでなく、タイムラインにある「モーションブラー」という機能でも加えることができます。

タイムライン上部の［モーションブラーが設定されたすべてのレイヤーにモーションブラーを適用］ボタンをオンにして①、6.架線柱レイヤーの右側にあるスイッチ群の中の［モーションブラー］スイッチを押すと②、位置やスケール、回転プロパティで動かしているレイヤーはその動きの速さに合わせて自動で残像のぼかしがかかります。

ただこの方法では速度によっては強くぼかしがかかりすぎてしまいレイヤー自体が見えなくなってしまったりと調整が難しくなります③。

もしモーションブラー機能を使ってみてぼかしが合わないようでしたら、エフェクトのぼかしを使用すると良いでしょう。

3-7

調整レイヤーで一部の素材にまとめて
エフェクトの効果を加える

3-6（p.150-151）ではエフェクトを個別のレイヤーに加えましたが、
同じ設定の同じエフェクトを複数のレイヤーに加えるとなった場合、
手間もかかる上に作業環境にも負荷がかかり、
After Effectsの動作が遅くなる可能性も出てきます。
そこで「調整レイヤー」を使用して、一度の作業で複数枚のレイヤーに同じ設定のエフェクトを適用します。

STEP1　調整レイヤーを作成する

雨が降ると同時に窓の外の景色が湿度でぼんやりとにじむ表現を加えます。そのため、ぼかしエフェクトを使用するのですが、窓の外にある「曇り空」「奥の街と川」「中景の街」「手前の街」「架線柱」の5つのレイヤーに同じ設定の同じエフェクトを加えるとなると、手間も作業負荷もかかります。そこで調整レイヤーを作成して使用することで、一度の作業で5つのレイヤーに同時に効果を加えます。

タイムラインパネルで「Part3」コンポジションを選択した状態で［レイヤー］メニュー＞［新規］＞［調整レイヤー］を選択します❶。

するとタイムライン内に「調整レイヤー1」が作成されるので、雨レイヤーの下に移動します❷。

調整レイヤー1を選択した状態で［エフェクト］メニュー＞［ブラー＆シャープ］＞［高速ボックスブラー］を選択します❸。

高速ボックスブラーのプロパティを以下のように設定します❹。
するとタイムラインで**調整レイヤー1**の下に配置しているレイヤーすべてにぼかし効果がかかったことが確認できます❺。
このように、調整レイヤーにエフェクトを加えると、下に配置している全てのレイヤーに同じ効果を適用することができます。これで一度の作業で5つのレイヤーにぼかしを加えることができました。

| ブラーの半径 | 20 |

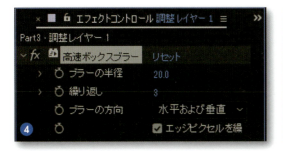

STEP2 調整レイヤーの効果を調整する

このままではぼかしが強すぎて窓の外がよくわからない状態になっている上、動画の始めからぼかしが加わってしまっています。そこで効果を調整すると同時に雨が降った後に効果が加わるよう調整します。
調整レイヤー1の不透明度プロパティに右記のようにキーフレームを作成します❶。
これで窓の外が湿度でぼんやりとにじんだ表現に変化するようになりました。

1400フレーム	
不透明度	0%
2000フレーム	
不透明度	40%

 POINT　調整レイヤーは、エフェクトを加えると下に配置している全てのレイヤーに同じ効果を加えることができるレイヤーです。もし下に配置している一部のレイヤーだけに効果を加えたい場合は、調整レイヤーは使用せずにレイヤーごとに効果を加えるか、p.110-111のPOINTで解説した「プリコンポーズ」機能を活用して、調整レイヤーと効果を加えたいレイヤーだけをまとめてプリコンポーズして別のコンポジションに移してしまえば、プリコンポーズしたレイヤーだけに調整レイヤーの効果を加えることができます。

3-8

画面全体に動きを加える

画面の構図が固定で同じままだと寂しいので、
まるで撮影しているカメラを動かしているかのように画面全体を動かします。
その際、「Part3」コンポジション内で画面全体を動かそうとすると、
そこで使用している全てのレイヤーを動かさなければならず、非常に手間がかかりミスも起きやすくなります。
そこで「ネスト化」という方法でレイヤー全てを1つにまとめて動かします。

STEP1　新たなコンポジションを作成する

画面全体をまとめて動かす作業を「Part3」コンポジション内で行うのは難しいので、その作業専用のコンポジションを別に作成します。
［コンポジション］メニュー＞［新規コンポジション］で［コンポジション設定］ダイアログを開き、名前を「Part3＋カメラワーク」とし、あとの設定は「Part3」コンポジションと同じであれば変更なしでOKを押して新規コンポジションを作成します❶。
タイムラインに今作成した「Part3＋カメラワーク」コンポジションが表示されているので、この中にプロジェクトパネルから「Part3」コンポジションをドラッグして配置します❷。
これで「Part3」コンポジションの内容物を1つのレイヤーとしてまとめて「Part3＋カメラワーク」コンポジションに読み込んだことになります。この作業をネスト化と呼びます。
これでこのネスト化したPart3レイヤーを動かすだけで、内容物全てを一気に動かせるようになりました。

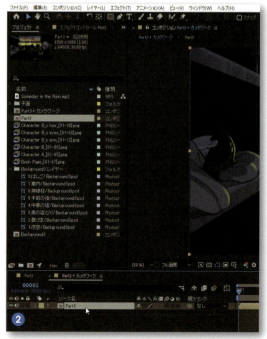

STEP2 画面全体の構図を調整する

動画の最初は画面を引いた状態から始めたいので、今よりも画面を縮小してカメラを引いて撮影しているような状態にします。
Part3レイヤーの位置とスケールのプロパティを以下に設定します❶。
すると画面は引いた状態になりましたが、コンポジションパネルで結果を見ると画面の端が切れていることが確認できます❷。

> 位置　1001.3 , 524.0
> スケール　90.0 , 90.0%

タイムラインパネルで［Part3］のタブをクリックして「Part3」コンポジションへ移動して❸、コンポジションパネルを縮小表示してみます。
するとレイヤーの大きさを示す枠が画面外まで表示されていて、そこまで素材があることが示されていますが❹、「Part3＋カメラワーク」コンポジションでは画面外に出ていた部分は全て切り落とされている状態になっています。
これはネスト化したことにより、「Part3」コンポジションの画面外に出ている部分が「Part3＋カメラワーク」コンポジションに伝わっておらず、それで切り落とされている状態です。
これを修正するには2つの方法があり、1つ目は「Part3」コンポジションのサイズを大きく変更して、画面外の素材まですべて見えるようにする方法です。今回はこちらの方法で進めます。

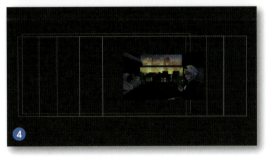

タイムラインで「Part3」コンポジションを選択したら［コンポジション］メニュー＞［コンポジション設定］を選択し❺、コンポジション設定ダイアログボックスで「幅」と「高さ」を大きくします。
今回は幅「3000」、高さ「2500」と変更します❻。
これで「Part3＋カメラワーク」コンポジションに移動してコンポジションパネルで結果を確認すると、切り落とされていた部分も表示されていることが確認できます❼。

POINT

STEP2で素材が切り落とされてしまった場合のもう1つの修正方法をここで紹介します。
先ほどコンポジションサイズを変更しましたが、そうすると作業環境に負荷がかかることがあります。また、他にも例えば3-4（p.136）の作業に戻るとなった場合、位置プロパティの数値がサイズ変更に合わせた数値に変更となるため、本書に記載されている数値を入力しても位置がずれて表示されてしまうということが起こります。作業に合わせてコンポジションサイズをいったん元のサイズに戻すことで解決もできますが、それも手間がかかるというときは「コラップストランスフォーム」機能を使用することで、コンポジションサイズを変更しなくとも切り落とされた部分を表示させることができます。
「Part3」コンポジションのサイズを元に戻したら、「Part3＋カメラワーク」コンポジションに移動してPart3レイヤーの右側にあるスイッチ群の中の［コラップストランスフォーム］スイッチをオンにします。これで切り落とされていた部分を表示させることができます。

このコラップストランスフォームスイッチは、オンにすることで「Part3」コンポジション内の詳細情報を「Part3＋カメラワーク」コンポジションに伝えてくれるので、そのことにより画面外にはみ出て見えていなかった部分も「Part3＋カメラワーク」コンポジションに伝わり、表示してくれるようになります。スイッチをオンにするだけなので非常に楽ですが、場合によっては伝えてほしくない情報まで伝えてしまい、画面の結果が大きく変わる場合もあります。その場合はコンポジションサイズを変更する方法で対処してください。

STEP3 動画にズームアップと ズームバックの動きを加える

まずは雨が降り始めるときに窓に向かってズームアップする画面の動きを作成します。
Part3レイヤーの位置とスケールプロパティに右記のようにキーフレームを作成します❶。
これで窓にズームアップする動きが作成できました。

```
800フレーム    位置    1001.3 , 524.0
              （1で変更した数値と同じ）
              スケール  90.0 , 90.0%
              （1で変更した数値と同じ）
1280フレーム   位置    1014.7 , 554.0
              スケール  100.0 , 100.0%
```

続いて、動画の後半にズームバックする動きを作成します。
3000フレーム目からズームバックの動きを始めたいので、その時間に位置とスケールの数値変更をせずにキーフレームを作成したいのですが、数値変更しないと自動でキーフレームを作成してくれないため、手動でキーフレームを追加します。
位置とスケールのプロパティの左端にある［現時間でキーフレームを加える、または削除する］ボタンをクリックすると数値変更なしでキーフレームを作成することができます❷。

あとはズームバックの終わりのキーフレームを右記のように作成します❸。
これで動画にズームアップとズームバックの動きが加わりました。

```
3560フレーム
 位置    1001.3 , 524.0
 スケール  70.0 , 70.0％
```

1280フレーム（ズームアップ）

3560フレーム（ズームバック）

STEP4　ズームアップ／ズームバックの動きの速度調整をする

ズームアップとズームバックの速度が一定なので、動き始めに加速、動き終わりに減速といった1-8（p.35）で解説した速度調整を行います。
タイムライン上部の［グラフエディター］ボタンを押してグラフ表示に切り替えて❶、位置とスケールプロパティを同時選択して2つのグラフを表示します❷。
まずはズームアップの動き部分をドラッグ選択して❸、［イージーイーズ］ボタンを押して加速と減速を加えます❹。

同じ要領でズームバックの部分にもイージーイーズで速度調整を行います❺。
これで速度調整が加わり、画面全体の動きは完成です。

POINT
画面全体の拡大／縮小を行う場合、100％以上に拡大すると画質が落ちた状態になります。静画も動画も100％以上に拡大すればするほど画質が落ちて悪くなるので、ズームアップで拡大すると最初に決めて動画制作をする場合は、ズームアップしたサイズで素材を作成してください。（縮小する分には画質は落ちないためです。）
また、ネスト化して作業を行う際、最初のコンポジションで縮小を行ったレイヤーを含めたコンポジションを、次のコンポジションにネスト化して入れて拡大した場合はp.156のPOINTで解説している［コラップストランスフォーム］スイッチを使用してください。それを行わないと縮小したレイヤーの画質が落ちて悪くなってしまいます。「このレイヤーは前のコンポジションでいったん縮小してあるんだよ」という情報を次のコンポジションに伝えないと、縮小した素材が元々その大きさなんだと判断されてしまい、拡大に合わせて画質が落ちてしまうためです。

POINT
カメラワークをつけたり次ページで解説する編集作業を行う際、音源に合わせてタイミングを決めたいという場合は、［オーディオ］プロパティの［ウェーブフォーム］を見ると音量が波形で確認できるので、この波形を参考にするとタイミングを合わせやすくなります。また、［オーディオレベル］の数値にキーフレームを作成して時間経過に合わせての音量調節や、［エフェクト］メニュー＞［オーディオ］の中にはオーディオ専用エフェクトも用意されているので、それらを使用して反響音やエコーなどを付け足すこともできます。

3-9

編集作業を加える

動画制作の最終工程として編集作業を行います。
今回はフェードイン／フェードアウトの演出を加えます。
そして最後にエンドクレジットを作成します。

STEP1 フェードイン／フェードアウトを作成する

フェードインは画面が1色の状態（多くは黒）から徐々に明るくなって現れ、フェードアウトは画面が徐々に暗くなって最後は1色の状態（多くは黒）になるという編集技法です。作成方法はまず黒色の平面を作成して、その不透明度を変化させて表現します。

タイムラインで「Part3＋カメラワーク」コンポジションを選択したら［レイヤー］メニュー＞［新規］＞［平面］を選択し、［平面設定］ダイアログボックスで名前を「フェードイン／フェードアウト」として、カラーは黒で作成します。作成したレイヤーをタイムラインの一番上に配置します❶。

フェードイン／フェードアウトレイヤーの不透明度プロパティに下記のキーフレームを作成します❷。（3-8でタイムラインをグラフエディターにしたままになっている場合は元のレイヤーバー表示に切り替えて作業します。）

プレビューすると画面が徐々に現れる／徐々に消えるというフェードイン／フェードアウトが作成できたことが確認できます。

1フレーム	不透明度	100%
310フレーム	不透明度	0%
3450フレーム	不透明度	0%
3600フレーム	不透明度	100%

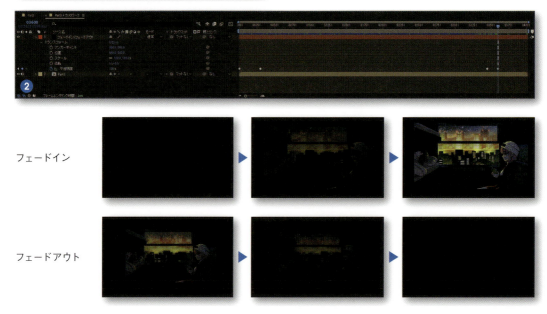

フェードイン

フェードアウト

STEP2　エンドクレジットを作成する

エンドクレジットは動画の製作（制作）者名や著作者名を表示するために作成します。今回の動画に使用している音源ファイルは配布や編集が許可されている著作権フリー素材ですが、使用規約にクレジットを表示することが必須と明記されているので、その場合もエンドクレジットで表示します。

作成方法は**1-11 (p.62-65)**で解説した方法でもできますが、今回はペイントソフトで作成した素材を読み込んで使用します。

サンプルファイル「End Credits」フォルダの中の「Creators」「Music」「Title」のPNGファイルを読み込んで**フェードイン／フェードアウト**レイヤーの上に「Music」「Creators」「Title」の順に重ねて配置します❶。

配置した3枚のレイヤーの不透明度プロパティに、右記のようにキーフレームを作成してフェードインとフェードアウトを加えます❷。

これでエンドクレジットが完成し、全ての編集作業が完了となります。この後は**1-12 (p.66-67)**で解説した作業のように、ムービーファイルに書き出して動画の完成となります。

Music
3600フレーム	不透明度	0%
3630フレーム	不透明度	100%
3705フレーム	不透明度	100%
3735フレーム	不透明度	0%

Creators
3735フレーム	不透明度	0%
3765フレーム	不透明度	100%
3840フレーム	不透明度	100%
3870フレーム	不透明度	0%

Title
3870フレーム	不透明度	0%
3900フレーム	不透明度	100%
3975フレーム	不透明度	100%
4005フレーム	不透明度	0%

Music　　　　　Creators　　　　　Title

▶part 4

クリエイターによる動画制作メイキング

4-1：動画メイキング1（そゐち）

4-2：動画メイキング2（二反田こな）

ここからは、自らのイラストを動かしたりMV作品などのお仕事で活躍する、2名のクリエイターのオリジナル作品とメイキングを紹介します。動きを前提とした作品を作る上でまずコンセプトを固める作業、そしてCLIP STUDIO PAINTによるイラスト制作からAfter Effectsによる動きの制作まで、作家独自のプロセスを垣間見ることができます。パーツ分けや表情差分の作成、タイミングごとの動きの調整、エフェクトの作成など、様々な表現が用いられていますので、ぜひ参考にしてみてください。

4-1　動画メイキング1（そゐち）

Illustration & Animation by
そゐち

Title Of Works
恋死体！キョンシーガール

MV使用を想定した作品です。最低限のパーツ構成と動作によって、キャッチーさを担保できるように構成しています。表情差分のパターンを複数入れることで、全体の素材や動きがたとえ大きく変化しないとしても嬉しさなどの感情を伝えることができ、見応えあるものを作ることができると考えて制作しました。キャラクター自体の可愛さが少しでも伝わるものになっていたら嬉しいです。

完成動画はこちら

POINT 1

POINT 1
キャラクター性を表す、腕など身体の動き

POINT 2
まばたきや
口の動きなど、
豊かな表情の変化

POINT 2

POINT 3

POINT 3
消えたり現れたりする
ヒトダマの動き

part 4 / クリエイターによる動画制作メイキング

4-1 動画メイキング1（そゐち）

165

4-1-1

コンセプトを決めてラフを制作する

MVや映像を作成する場合、基本的にクライアントの方などからテーマや元となる楽曲をいただき、それに沿って制作することが多くなるかと思います。
今回はそういった場合を想定しつつ、「恋愛×キョンシー」のテーマを置いて制作を進めていきます。

STEP1 アイデア出しとコンセプトの検討

ラフを制作する前に、関連した要素ややりたいことを書き出すことが多く、そのように整理することでスムーズに制作を進められます。
決定した「恋愛×キョンシー」というテーマから想像を膨らませていき、動画に素材として入れたいパーツとして「御札」「ヒトダマ（オバケのようなモチーフ）」「デザイン的な雲のエフェクト」をピックアップしました。
そしてテーマの掛け合わせとキョンシーのイメージから、
・叶わなかったけれど引きずっている恋愛→御札でコントロールされていることと掛ける
・「失恋」を「すでに死体である」ことと解釈しキョンシーと掛ける
と、インターネットでの検索や資料をもとに要素の組み合わせ（意味付け）を行いました。
動かすにあたって、無意味にエフェクトをポツンと置くのではなく、物語や意味合いを絡ませた失恋キョンシーのイラストにしたいと考えました。
楽曲が存在する制作の場合は、歌詞の解釈からキャラクターデザインや要素決めをする時がこの手順に当てはまります。

STEP2 キャラクターデザインの決定

この時点で単純にチャイナ服を描くのでは共感できず面白くないと思い、キャラクターデザインの方向性として「女学生がキョンシーのような状態になっている、制服×チャイナ服のようなデザイン」にしようと考えました。

STEP3 ラフを制作する

ラフを3案描きます。ここからのイラスト制作では、CLIP STUDIO PAINTを使用しています。
全体を通して、シルエット感や、サムネイルとして表示されることのインパクトに気をつけながら構図を練ります。素体を考えつつ、色々なポーズをさせます。
案1は、インパクトを考えて、身体でハートマークを表現したもの。
そして案2は、手でハートマークを作っているものです。

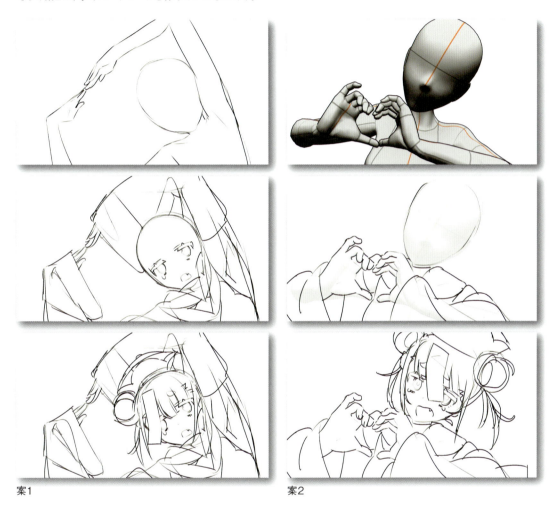

案1　　　　　　　　　案2

POINT　構図を考えることが苦手だったり、0からイメージを掴むのが難しい場合は、CLIP STUDIO PAINTであればCGモデルと、ユーザーの方がポーズのデータを公開してくださっているので、そういったものをベースとして使って回転させたり変更させたりしつつイメージを膨らませる方法もあります。（注意点として、使い方や描き方によって身体のライン取りや構図感が固くなりすぎてしまい面白みが減ってしまうので、参考程度に留められるといいかもしれません。）

最後の案3は、キョンシーらしい構図をイメージして描いたものです。
顔や服装が見えやすいので、個人的には一番好ましいと思った案です。また表情差分も作りやすく、動かす場合は腕の上下などがさせやすい構図で良いと感じました。
依頼であればクライアントの方に3案すべてを見せ、内容に沿っているものやその方の好ましいものを選んでもらい、清書に進みます。今回は検討の末、動きの加えやすさを踏まえて、案3で決定しました。

案3

4-1-2

線画と着彩をしてイラストを仕上げる

構図やキャラクターデザインが決まったところで、線画と着彩の作業に入ります。
普段の仕事では、この時点で絵を動かすことが確定している場合、
コンポジッターの方と相談したり後工程を考えつつ作業を進めていきます。
必要であればキャンバスサイズを広げ、パーツの欠けがなるべくないように気をつけて進めていきます。

STEP1　パーツ分けを考えて線画を描く

キャンバスサイズをもう少し外側まで広げ、線画作業を進めていきます。
どのパーツをどれくらい動かすかを頭の中で想像しながら、「頭部（9つのパーツ）」「身体（4つのパーツ）」「腕（5つのパーツ）」「エフェクト（2種）」に分類して描き分けていきます。

まず頭部の線画を描きました。パーツは以下の9つになります。
❶ツインテール／❷お団子／❸後ろ髪／❹顔（頭）／❺表情／❻左右のおくれ毛／❼前髪／❽帽子／❾御札

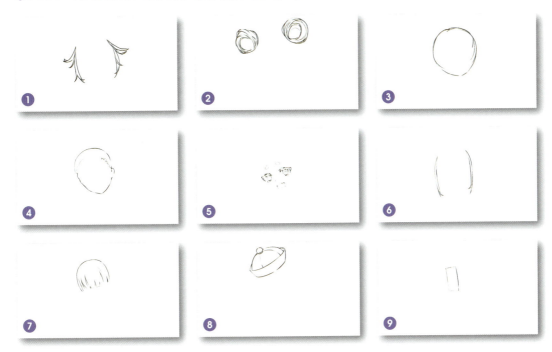

レイヤー構成でいうと、ツインテール・お団子は奥と手前で左右にバラしています。
御札などの揺れ物は、帽子にくっついている設定であったとしても、バラしてあげるのがおすすめです。

次に身体の線画を描きました。パーツは以下の4つになります。
❶フードと首／❷リボン／❸身体／❹フードの裏側
フードの前側と首はバラしてもいいですが、今回はそこまで弊害がないと感じたため一緒にしました。

POINT
パーツの描き分けに関して、揺れ物であるリボンなどは身体から分離させると良く、もっと動かしたい場合はリボンのレイヤーを左右で分けたりするのもおすすめです。例えば、蝶々結びのリボンである場合は「留めてある部分」「輪っかの部分（左右）」「垂れている紐（左右）」などいくつかに分けるイメージです。

その次に腕の線画を描きます。パーツは以下の5つになります。
❶二の腕／❷手／❸袖／❹前腕／❺袖（裏側）
手のレイヤー位置の影響もあり、袖は手前側と裏側でバラします。

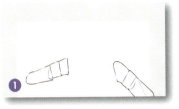

身体と腕のレイヤー構成は下記のとおりです。

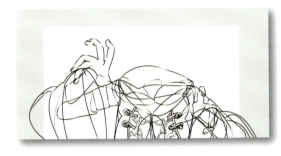

最後にエフェクトを描きます。エフェクトは下記の2種類になります。
❶紙のようなエフェクト／❷ヒトダマのエフェクト
パーツごとには動かさず、ひとまとめにして動かす予定のため、レイヤー分けはしていません。
以上でパーツ分けとキャラの線画作成が完了したので、着彩作業に移ります。

STEP2　描き足しながら下塗りをする

着彩作業に入ります。まず下塗りをします。
この時点でだいたいの配色を決め、パーツごとに色を変えて置いていきます❶。表情は他のパーツよりも細かめに塗って見え方を確認しておきます。

パーツの下塗りを終えたタイミングで、各パーツの位置調整、バランス調整を行います。レイヤーの表示順序がおかしい場合や、入れ替えたほうが良く見える場合も調整します。
動画制作で多く用いられる16:9（表示画面の比率）の場合の見え方も確認し❷、足したほうがいい要素を考えます。動きがついて絵が寄りになったり、引きになったりする場合があるので、イメージした上で考えます。
例えば、帽子のこの場所❸に色があったほうが見栄えがよいと感じたため、赤い隙間を足します。

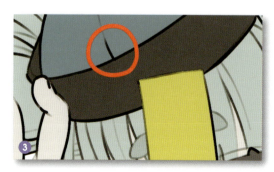

首元の情報量が少ないので、首に縫い目を足しました❹。
また、それに合わせて腕にも縫い目を足します❺。

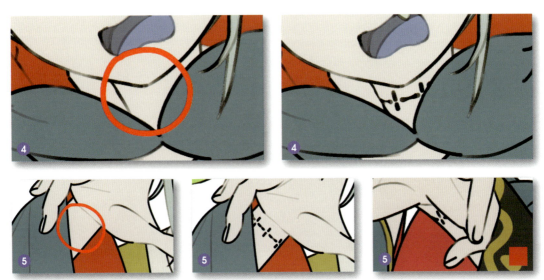

こういった調整を繰り返しながら塗っていきます。帽子や服に柄を足したり、色味の調整を経て、下塗りが完了しました❻。

STEP3　各パーツを着彩し、仕上げる

さらに塗り進めていきます❶。自分の場合は、肌の影からつけ始めることが多いです。袖や手などの部分はそれぞれバラバラに影をつけていきますが、共通した影をつけたほうが違和感のない髪の毛などのパーツ群は上からざっくり影つけを行います。

髪の毛パーツ全てのパーツ範囲を選択し❷、マスクをつけた影レイヤーを作成し、乗算で重ねて影をつけていきます❸。
後々、パーツの整合性を取りつつ調整を行うので、ここでの影つけは大まかにでも大丈夫です❹。

ざっくり乗算で影をつけ終えたので❺、このレイヤーをコピーしながら各パーツレイヤーにクリッピングマスクを適用していきます。パーツごとに影の塗り忘れや、成立していない部分を修正しながら進めます。
例えばこの「head」パーツの場合、上で使用した影つけレイヤーをそのまま持ってきてしまうと前髪などの影が入ってしまうので❻、「head」パーツのみで成立する形で調整をしました❼。

細部の塗りを追加してすべての髪の毛レイヤーの影塗りが完了したので❽、線画が浮いている箇所の色味❾を調整します。
線画レイヤーにクリッピングマスクをつけて影色と同じ色で線を消したり❿、線画自体に加筆を行い馴染ませます⓫。

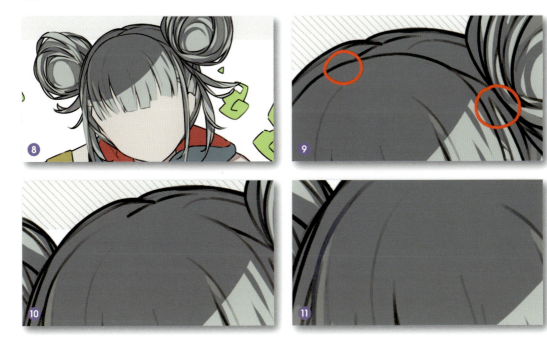

髪の束感などを出すために、明るい色で線画を描き足します。
これで髪の毛レイヤーのパーツごとの着彩、一枚絵として成立させる（パーツ感を目立たせない）作業が完了しました⓬。

これらの作業を身体（服）、肌などそれぞれのパーツに対して行います。頬にブラシを入れたり、つめの色を塗ったり、服などのパーツにハイライトを足すなどアクセントを加えています。これで着彩完了となります。
パーツが揺れ動いた際に、影になるはずの部分に塗り残しがあって明るくなっていないか、パーツごとの接続部分に違和感が出ないか、パーツの並び順が間違っていないかなどを確認し、問題なければ完成です⓭。
動画での表示範囲で確認するとこのようになります⓮。

STEP4　背景とエフェクトを仕上げる

最後は背景に色を置き、エフェクトを仕上げます。
キャラ部分の色味や背景の色味とのバランスを見ながら清書し、調整します。線画の色を変えたり、塗ったり、グラデーションを入れたり、量を増やしたり減らしたりといった作業です。アクセントとして水玉の模様をところどころに散りばめ、完成しました❶。
これでキャラ・エフェクト部分の着彩は完了となります❷。動画での表示範囲も確認しておきます❸。

STEP5　差分の作成をする

制作する映像の要件や内容に沿って、表情差分や、場合によってはまばたき・口パク差分、手の差分などを作ります。
今回はまばたきのための「半目」「閉じ目」を作成します。
そして表情差分は「困り顔」「怒り顔」「笑顔」の3種類を作成します。

まず、通常表情のまばたきを作成します。
半目を作成する場合、手描きで作ってもいいのですが、部分的に調整することで作成できます。開き目の上側①と下側②を数pxずつ選択範囲で囲み、①は下げ、②は上げて、瞼の位置を調整します❶。
歪みが出た際は線画や塗りを調節して制作することが多いです。これで半目は作成完了です❷。

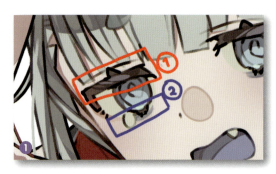

続いて閉じ目を作成します。
先ほど作成した半目を透かして表示させながら❸、下瞼の少し上あたりに閉じ目を描きます。
色を塗れば作成完了になります❹。

表情差分はそれぞれベースとなる表情を透かして作業しつつ、鼻などは共通させながら作成していきます。眉毛や口元を変えたり、頬のブラシの濃度を変えたりして、表情豊かになるよう調整します❺。

表情差分においてもまばたきが必要になる場合は、先ほどの通常表情の時と同じ手順を踏んで半目を作成し、閉じ目は通常表情のものを流用します❻。

上記手順で、イラストの制作は完了となります❼。
動画サイズでの見え方はAfter Effect上などで調整することになりますが、イメージとしては右のような状態となります❽。

4-1-3

アニメーションを制作する

イラストや動かすパーツの制作ができたので、アニメーション制作工程に移ります。
ここからはAfter Effectsを使用しての作業になります。

STEP1 素材の読み込み

After Effectsへ素材を読み込む前に、コンポジション設定を任意の尺や音源の長さに合わせて調整しておきます❶。今回は音は付けませんが、5秒間の尺の動画にします。「HD・1920×1080・24fps」の設定です。
4-1-2までの作業で作成したPSDファイルをAfter Effectsに読み込みます。その際に[コンポジション - レイヤーサイズを維持]で読み込みます。レイヤーオプションは[編集可能なレイヤースタイル]を選択しています❷。
プロジェクトパネルに読み込まれた「清書データ_拡張版」コンポジションを選択したら[コンポジション]>[コンポジション設定]を選択して、このタイミングでコンポジション名をわかりやすいものに改名しておきます。今回は「main」とします❸。

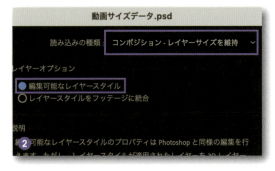

POINT

今回は線画や彩色レイヤーを統合せず、コンポジションとしてAEで読み込んで作業しています。それによってレイヤー階層がコンポジションとして深くなっていますが、その分、線画や彩色レイヤーに個別でエフェクトを加えることもできます。
仕事の際、クライアントや使用用途によってやり方を変えることもありますが、自分で動画を作成するような場合においては統合したほうがやりやすいかもしれません。線画のみを動画内で差分として使用したい場合、統合しないか、あるいは「線画のみのデータ」「線画と彩色レイヤーを統合したデータ」に分けて保存するのがおすすめです。そうでない場合は、統合してしまったほうがデータとして扱いやすいと思います。

STEP2 身体部分にアニメーションをつける

読み込みが完了したら身体から動きをつけていきます。まず前腕部分の動きをつけます。左右ともに同じ動きとしてまとめて作成します。

「main」コンポジション内にある「arm2」コンポジションをダブルクリックして中を展開します。中にある4つのパーツを「hand（手）」と、「sode1（袖）／arm2（腕）／sode_ura（袖裏）」の2組に分けます❹。

「sode1」の動きに「arm2／sode_ura」を合わせたいので、3つのレイヤーを親子関係にします。「arm2」「sode_ura」を選択しながら親ピックウイップ（うずまき柄のアイコン）を「sode1」へドラッグし、リンクさせます❺。

これで、「sode1」の動きと連動するようになるので、「sode1」のトランスフォームを編集していきます。
トランスフォームの位置プロパティを選択し❻、上下の動きのテンポ感や動きの幅を決めていきます。

それぞれの原画のパーツの位置や、キーフレームを置く位置（タイミング）を調整していきます。決められた尺の中で、ポイントとなる動きを決め、間に必要な動きがあれば足していくようなイメージです。

❼の画像は始点の0フレーム→20フレームへの移動を表したものです。親子関係の「sode1」「arm2／sode_ura」は同じ動きになりますが、「hand（手）」はタイミングをずらしてキーフレームを配置します❽。

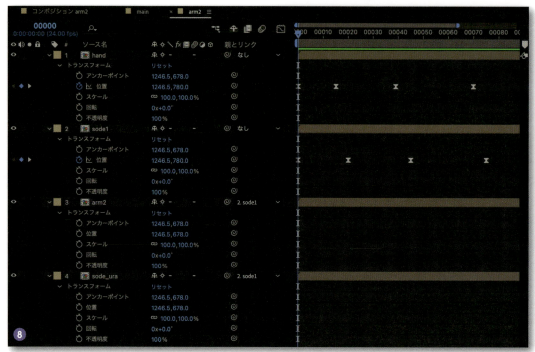

動きのキーフレームを決められたら、今回であれば位置プロパティをクリックし、位置に付随するすべてのキーフレームを選択します。そのうえで1つキーフレームを選択して右クリックし、[キーフレーム補助]の[イージーイーズ]をかけます❾。

胴体についても同様に動きを付けていきます。「main」コンポジション内にある「body」コンポジションをダブルクリックして中を展開します。
「fd（フード）」を親、「fd_back（フード後ろ側）」を子として親子関係にし、「fd（フード）」「arm1（右腕）」「ribbon（リボン）」「body（胴体）」の動きをそれぞれ作成します❿。
⓫の画像は32フレーム→65フレームへの移動を表したものです。

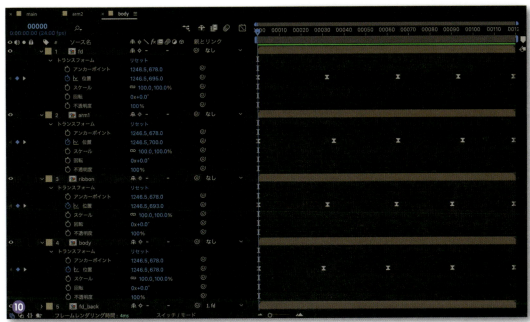

胴体の動きができたら「main」コンポジションに戻り、プレビューで前腕との動きのバランスなど踏まえて調整を重ねます。
プレビューすると右腕がまだ動いていないので、「arm1」にも動きを付けます。「arm1（右腕）」の位置プロパティに、身体の上下動より少し遅れるタイミングで上下動のキーフレームを作成します⓬。

頭部も同様に動きを付けます。

「main」コンポジション内にある「head」コンポジションをダブルクリックして中を展開したら、以下のようなレイヤー構成、タイミングに調整していきます❶❸。

表情はあとで調整するので順番が前後しますが、表情の変化が見えづらくなってしまうので、御札は動かさずに帽子と動きを合わせます。「boshi（帽子）」を親、「ofuda（御札）」を子とした親子関係です。

「hair_r1／l1（外側のサイドの髪）」「hairdango1／2（左右のお団子）」「hair_yoko（顔のサイドの髪）」「back_hair（後頭部）」はすべて「head（頭部）」と親子関係にして同じ動きになるように揃えます。

「head」、「boshi」、「face（顔）」、「hair_maegami（前髪）」にそれぞれ異なる動きを付けました。前髪は表情の変化に干渉しないよう合わせて調整を行うイメージです。

始点の0フレーム→40フレームへの移動を見ると、頭部の動きが伝わるかと思います❶❹。

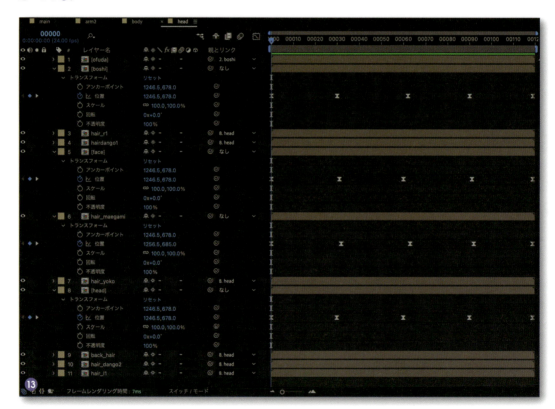

> **POINT**
> 今回は腕と手が異なるタイミングで動くようにするなど、パーツごとのスライドに時間差をつけています。少し単純な動きではありますが、隣り合っているパーツ同士がなるべく同じ動きにならないように、ということを念頭に置きながら制作しました。
> 全てのパーツの動作が同じだと、動きがワンパターンになってしまいます。人間の身体の動きを作る場合は、必ず「動きの起点になる場所」と「そこに付随して動く場所」が存在するため、それをイメージして制作を行います。
> たとえば身体を左右に揺らすアニメーションがあった場合、頭と肩が同時に同じ方向に揺れることはないと、実際に自分の身体を動かしてみるとわかると思います。頭が動いて、髪がそれについてきて…など各パーツを考えながら動かすのがポイントです。
> また、振り向く動きの場合も【①視線→②頭→③髪の毛→④胴体】の順番で動かすと、それらが同時に動く場合よりも生き生きとして見えることが想像できるのではないでしょうか。

STEP3 目のアニメーションをつけて表情を変える

身体の動きができたところで再度プレビューで動きを確認しつつ、違和感があれば再調整します。すべての動きを付け終えたタイミングで目のアニメーションをつけます。

「main」コンポジション＞「head」コンポジション＞「Face」のコンポジションを開き、各表情の切り替えタイミングを考えます。「①通常」「②困り顔」「③怒り顔」「④笑顔」という4パターンに整理して作業を進めます。今回はループする映像にしたので、最後にまた「①通常」に戻るようコンポジションを複製し、切り替えのタイミングを調整しながら階段状に並べて、一番最後にまた「①通常」になるようにつなぎます❶。

MVの制作などのように、楽曲がある場合はそれに合ったタイミングを考える必要があります。切り替えタイミングごとに表情のコンポジションの長さを変え、徐々に変化するようつなぎ合わせます。

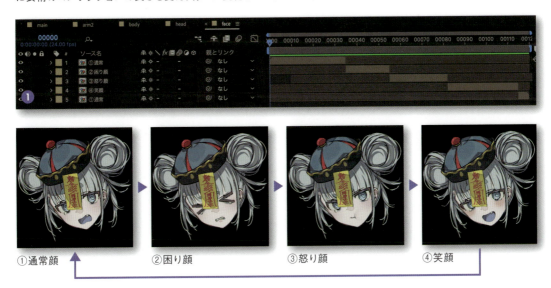

①通常顔　②困り顔　③怒り顔　④笑顔

表情の切り替えの動きが決まったあとは、各表情のコンポジション内の「目」のコンポジションを開き、まばたきのアニメーションを作ります。表情の切り替え直前に目を半目の状態にしてスムーズに切り替わるようにするのがポイントです。
「①通常」の「目」コンポジションから調整します。表示される0フレーム〜34フレームの中で、「開き目」「半目」「閉じ目」を複製して階段状に並べて、まばたきのタイミングを調整していきます❷。

まばたきのアニメーションは基本的に【開き目→半目→閉じ目→半目→開き目】で作成し、「半目→閉じ目→半目」の部分はアニメーションの基準となっているコマ数にもよりますが2フレームずつで切り替えます。
早いまばたきを作成したい場合は、【開き目→閉じ目→開き目→閉じ目→半目→開き目】と置くと、パチパチとまばたきをしている風になります。「③怒り顔」の中の「目」コンポジションでは以下のように早いまばたきとなっています❸。
このように各表情において目の動きを作っていきます。プレビューで再生して確認し、細かい調整が終わったらキャラの動きは完成です。

  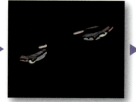 

45フレームでは前の表情の切り替えのため半目　　47フレームで開き目に　　55-56フレームのみ一瞬の閉じ目　　58フレームで開き目になりパチッと目を開いた印象に

STEP4 ヒトダマのエフェクトに動きをつける

最後に、背景で動かすヒトダマの動きを作成します❶。エクスプレッション機能を使用して作成します。これまではキーフレームを打って動きをつけていましたが、手付けではなく言語で制御できるのがエクスプレッション機能です。ヒトダマのように、人ではないエフェクトなどは、手付けでなくこういった機能を使うと動きによく合いますし差が出せると思います。

まず「main」コンポジション内にある「eff2」の位置プロパティを選択したら、[アニメーション] メニュー＞[エクスプレッションを追加] を選択し❷、「wiggle(1,200)」と入力します❸。
この括弧内の数字は、wiggle (ゆらめかせたい間隔,ゆらぐ幅や大きさ) を表しており、1秒間のゆらめかせたい量と、動かす大きさを決められます。一度数値を適当にいじってみて、どういう状態になるか動きを見てみるとわかりやすいと思います。

wiggleは意図した位置のコントロールをする場合はかなり専門的になり難しいので、今回のようにループさせる場合は始点と終点の不透明度を0に下げることでループがつながるように対応しています。
さらに［トランスフォーム］内の［不透明度］でタイミングを変えて不透明度の数値を調整し、ヒトダマが消えたり現れたりするようにします❹。

以上ですべての動きを付け終わりました。
新たに書き出し用のコンポジションを作成します。名前は「書き出し用」として、他の設定は全て「main」コンポジションと同じにします❺。
作成した「書き出し用」コンポジションにプロジェクトパネルから「main」コンポジションを入れてネスト化し、最終位置調整を行い、書き出しを行います。
これで動画の完成となります。

[NAME]

そゐち

[PROFILE]
関西出身、東京在住のイラストレーター。2023年9月より、ゲーム会社を退職しフリーランスに。主にソーシャルゲームや映像作品のイラスト制作・キャラクターデザインを中心に活動中。

[CONTACT]
Mail：husesoi@gmail.com
Web：https://huseso.tumblr.com/
Xアカウント：@huseso

[作業環境]
CLIP STUDIO PRO / Photoshop 2024 / After Effects 2023

[Q&A]

Q1
イラストを動かしたいと思ったきっかけ

元々2Dアニメーションを少し勉強していたのもあり、絵を動かすことは身近で、魅力的な手段の1つでした。1枚絵では表現しきれない部分を引き出せることが良さとしてあると感じており、キャラクターの「生きている」感じや面白み、嬉しさなどの感情が伝えやすくなるなと思います。それが必要な時に動かす手段を選択することが多いです。

Q2
動かすにあたって（もしくは動かす前提の作品を描くにあたって）大切にしていること

基本的にコンポジッターの方と組んで映像制作を行い、その中でキャラを動かすことが多いので、今回の制作のようなパーツ分け系の作業がある場合は「なるべく細かくパーツを分ける」「画面サイズギリギリの素材を作らない」ということを大前提に意識して取り組みます。表情差分やポーズ差分などはあればあるだけ表現幅が増えるので、差分をなるべくたくさん描く、というのは自分の頑張りポイントとして捉えて制作します。

Q3
動きにおいて影響を受けたものや作品、学んだものなど

2Dアニメーション作品からの影響が大きいです。学んだものも、元々は2Dアニメーションなので、そこから得た知識を活かしつつ制作を行っています。

Q4
今後チャレンジしてみたい表現やお仕事

映像制作だけではなく、イラスト制作においてもそうですが、"印象に残る作品"をきちんと作り切りたいなと思っています。また、心の底から京都が好きなので、京都にまつわるお仕事ができたらいいな、と願っています。

Q5
読者へのメッセージ

今回は紹介しませんでしたが、After Effectsのプラグインで解決できることや効率化できる部分も多々あるので、興味のある方は調べてみてもいいかもしれません。
「動かす」ことが色んな人の表現の手段として手軽に、身近にあればいいなと思います。
何かを表現したかったり、作りたい！という時に、動きを入れることが選択肢に入りやすくなるような手助けが少しでもできていたら嬉しいです。

4-2 動画メイキング2（二反田こな）

Illustration & Animation by	Title Of Works
二反田こな	今日こんなことがあってね

「レトロ感ある秋の風景と女の子」をテーマに制作しました。女の子たちに関して動きは最小限ですが、2人描くことで口の開き閉じのタイミング等で会話シーンが成立します。そこから見る人にストーリーを自然と感じていただけるような画を目指しました。また髪のなびきや葉っぱの落ちる様子を加えることで、おだやかな秋の風と空気感を表現しています。レトロな路地裏の雰囲気を描くにあたって、描き込みすぎず、けれど情報量や密度はそこそこに感じられる良い塩梅を探りながら背景描画を行いました。

完成動画はこちら

POINT 1
背景にある理髪店の
くるくる動く3色ポール

POINT 2
キャラクターの
口パクや髪のなびき

POINT 3
画面内でひらひらと
舞う落ち葉

4-2-1

構想を固めてラフを制作する

まずはCLIP STUDIO PAINTでラフ制作の作業に入ります。
今回は絵を動かすことを前提に、どのようなテーマにするか、
どのパーツを動かすかなどを考えながら手を動かしていきます。
この段階でカラーラフまでを作成し、色味も含めたイメージを固めていきます。

STEP1　描きたい項目から連想するものをラフに描き出す

イラストを制作するにあたって、簡単な小さめのラフ（サムネイルスケッチ）をいくつか用意します。
今回頭に思い浮かんだ、描きたいと思う項目が次のとおり。「秋っぽさ」「制服の女の子」「レトロ感」です。これらの単語から連想できるシーンや構図を、思いつく限りひとまず描いてみます。

 POINT　構図は後から変更することが難しく、それでいて画面においてかなり重要な要素です。このラフをご覧いただいて分かる通り、本当に雑なラフでもいいのでいくつかの案を出し計画・吟味することで、いきなり大きなキャンバスに描くよりも、後から修正するリスクを減らすことが可能です。あとは絵を最後まで描き切るにあたっての心理的なハードルを下げられるというメリットもあるので、この段階でできるだけ時間をかけて練っておくことをおすすめします。

STEP2　ラフ～カラーラフを作成し、動きの構想を固める

今回はラフ案のうち、左上の構図に決定しました。
制作するサイズのキャンバスを「3266pixel × 4120pixel」と設定します。
描画サイズより少し大きめにキャンバス作成して範囲外も描いておくと、空間の把握がしやすい、キャラクターや背景の位置調整がしやすい、印刷物への対応がしやすい、等のメリットがありおすすめです。
キャンバスに先ほど作成したサムネイルスケッチを拡大して薄く表示します❶。
その上にレイヤーを重ね、ラフ制作を詰めていきます。

CLIP STUDIO ASSETSのサイト上に「汎用構図集」（ https://assets.clip-studio.com/ja-jp/detail?id=1867956 ）というものが公開されているので、今回はこちらにある「三分割法」を用いて画面の画面のバランスをとりながら、より詳細なラフを作成していきます❷。

キャンバスを回転させて調整を加えつつ、描き進めていきます❸。この時点でキャラクターのポーズや表情を固めておき、髪型や制服のスカート丈など、細部のデザインを変更しています。
また、今回は動くイラストとしてまばたきを作成するため、目をつぶった際にどういった見え方になるのかもこの時点で試していました❹。

モノトーンで陰影をつけ、光源や影の方向性を決めます。モノクロのラフが完成しました❺。
また、どのパーツを動かしたいかを考えて整理します。今回は「2人の女の子の表情の動き（まばたきと口）と髪のなびき」「前景のひらひらと舞う落ち葉」「背景の理髪店の3色ポール」をポイントとしてまとめました❻。

カラーラフも作成し、時間帯や色のイメージを固めておきます❼。
ざっくりと色を仮置きし、グラデーションのレイヤーを何枚か重ね、この作品で見せたいレトロな空気感を考えます。これでラフ作成〜コンセプトを詰める作業は終了となります。

4-2-2

イラストを仕上げ、動かすための素材を制作する

ラフが完成して方向性が決まったので、線画の清書、動かすための原画の作業、着彩作業に入ります。
ここでの作業はCLIP STUDIO PAINTのアニメーション機能を使用して進めます。
また、イラストを完成させてからは、素材づくりの作業に入ります。
前景で使用する落ち葉の素材、背景で使用する理髪店の3色ボール素材を作成して、
後にAfter Effectsへ持ち込みます。

STEP1 パース定規を設定し、キャラクターと背景の線画を描く

線画作業に入る前に、パースレイヤーを作成しておきます。CLIP STUDIO PAINTの［レイヤー］＞［定規・コマ枠］＞［パース定規の作成］をクリックし❶、［3点透視］にチェックを入れて［OK］を選択します❷。このパース定規を元に線画作業を行います。

ラフのイメージに合わせて、［オブジェクトモード］でパース線を調整します❸。そして［ベクターレイヤー］でキャラクターの線画の清書を行っていきます。
女の子が隣に並んで重なっている構図なので、奥の女の子の隠れて見えない部分がありますが、キャラごとにレイヤーを分けて見えない部分も描いています❹。
また、動かす予定のパーツ（手前にいる女の子の場合だと目や口、髪）は線画の段階でなるべくレイヤーを分けておくと、あとあと楽です。これでキャラクターの線画が完了しました。

次は背景の線画作業に入ります。ま
ずは手前の背景（近景）から描いて
いきます。
作画の際、❻椅子や❼建物などの
角部分は少し丸くしておくと、より
自然な仕上がりになります。キャラ
クターと同様に、鉛筆ツールを用い
てやわらかい線で仕上げていきま
す。
細部まで気を使うことで、全体がま
とまって統一感を出すことができま
す。

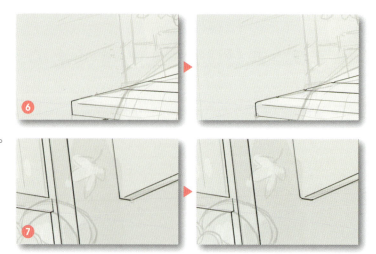

近景まで線画が終わった状態です❽。
中景、遠景まで描き込みます❾。キャラクターで重なって
ほぼ見えませんが、奥の建物も描いています。
看板、棚の小物などの細かいパーツまで描き終え、すべ
ての線画ができあがりました❿。

STEP2 アニメーション機能を使った原画作業

ここからはイラストを動かすための原画作業に入ります。CLIP STUDIO PAINTのアニメーション機能を使い、髪のなびきと目のまばたき・口パクを作成していきます。まずは手前の女の子から作成しますが、レイヤー構成は【髪／目／口／身体／奥側の髪】の5つに分けます。身体レイヤーを奥側の髪と手前の髪とで挟み込む形にします。

タイムラインパレットが表示されていない場合は、［表示］＞［タイムライン］でチェックをONにしておきます。タイムラインパレットの下部のアイコンを選択し❶、［新規タイムライン］＞（特に設定いじらずそのまま）［OK］でタイムラインを作成します❷。フレームレートは「24fps」、尺は「4秒」の設定です❸。
続いて新規アニメーションフォルダのアイコンをクリックして、アニメーションフォルダを作成します。

※上記はラフ作成の段階で行い、ラフと線画の切り替え用に使用していましたが、今回は原画の作り方にフォーカスをあてるため、アニメーション機能の使用についてこの段階で説明しています。（ラフ⇔線画の切り替え作業はアニメーション機能を使うと便利なのですが、使い方がマイナーなため、初心者の人にはあまりおすすめできません。）

手前の女の子から作業をスタートします。
先ほど作成した髪レイヤーを、アニメーションフォルダ内に移動させます❹。

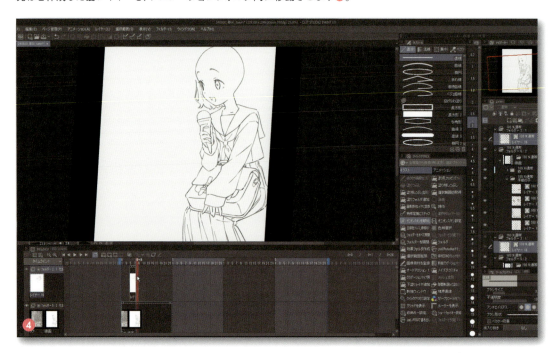

カーソルをタイムラインパレットに移動させ、作成したアニメーションフォルダの列にて、適当な場所で右クリック＋ドラッグし、右方向にスライドさせます。するとポップアップウィンドウが表示されるので、アニメーションフォルダ内に移動させた髪レイヤーを選択します❺。現段階ではレイヤー16になります。
タイムライン上に髪レイヤーが表示されました❻。

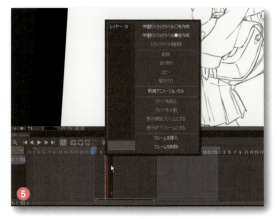

右側のレイヤーウィンドウにて、同アニメーションフォルダ内に、新たにベクターレイヤーを2枚追加します❼。
今のままではレイヤー名が分かりづらいので、タイムラインウィンドウ左上の3本線をクリックし、[トラック編集] > [タイムラインの順番で正規化]でレイヤー名を整理します❽。ここでは1、2、3と整理しました。
タイムライン上に、前ページの❺の工程と同じ要領で、3レイヤーを配置します❾。

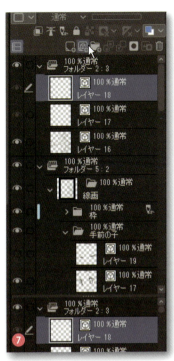

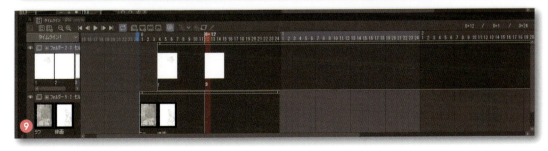

レイヤー1の線を元に、髪のなびきの動きとなる絵を作成します。前後のレイヤーをキャンバス上に表示させるオニオンスキンの機能を有効化し⑩、下敷きとなるレイヤー1を表示させます。

最初はなびきの雰囲気をつかむために、ラフにレイヤー3を描いていきます。ラフが固まってきたら、レイヤー1と3の中間の絵となるレイヤー2のラフを進めます。アニメーションの工程で言う、中割り作業にあたります。
タイムライン上で、レイヤー1と3の間に2を配置し、先に割り当てを設定したキーを活用して絵をパラパラ切り替えつつ、なびきの中割りの絵を作っていきます⑪。

原画のラフ作業が完了したので、清書に移ります。
現状だとアニメーションフォルダ内にレイヤー3枚構成となっていますが、後々の作業の工程のためには不便なので、フォルダを3つとする構成に切り替えます。方法は簡単で、アニメーションフォルダ内に新たにフォルダを3つ作成し⑫、各フォルダ名をレイヤー1〜3と同じ番号にそれぞれ変更して、対応する番号ごとにレイヤーを格納するだけです⑬。
これでレイヤー構造を維持したままセルの切り替えができるようになったので、新たにベクターレイヤーを作成し、ラフをもとに清書作業を行います。

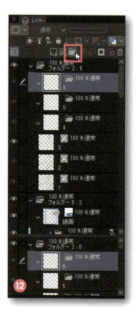
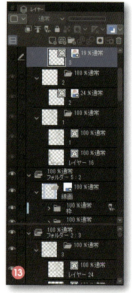

POINT タイムライン上に並べたレイヤーをクリックすることで切り替えが可能ですが、作業中にポインターをタイムラインまで持っていくのは効率が悪いので、ショートカットキーで切り替えできる設定をおすすめします。[ファイル] > [ショートカットキー設定] > [メインメニュー] > [アニメーション] で、「前のセルを選択」「次のセルを選択」に好きなキーを割り当てます。これでポインタをキャンバスに置いたまま、タイムラインを自由に行き来することができます。

200

髪のときと同じ要領で、目と口、体の奥側の髪の原画もそれぞれ3枚ずつ作成していきます。アニメーションフォルダは各パーツごとに作成します。手前の女の子だと、アニメーションフォルダは計5つとなります。レイヤー構成はこのような感じになっています⑮。

右の⑯は、目の開き閉じを作っているところです。基本的に、開き目をコピペしてまぶたを少し下ろすなどの微調整を加えることで中目が作成できます。

⑰は、口パクを作成しているところです。

同様に、奥側の女の子も原画作業をします。

三つ編み・口パク・サイドの髪の3パーツの原画3枚を作成していきます。レイヤー構成は⑱の通りです。

右の⑲は三つ編みの原画を作成しているところです。髪は束感や細い毛の動きを意識して描きます。右にいる女の子の髪の動きと被る部分も出てくるため、バランスを見ながら作業します。

201

STEP3 カラーラフをもとにキャラと背景を着彩

線画作業が終わったので、次は着彩の作業に移ります。
各パーツごとに仮色で塗り分けレイヤーを作成します。背景の塗り分けも行います❶。
先に作成していたカラーラフの色を元に、各パーツのベースカラーを変更していきます。❷はキャラクターのベースカラーを塗り終えた状態です。
カラーラフの光源と影のつき方を参考に、スクリーンモードのレイヤーで光を加えていきます❸。

クリッピングフォルダや自動選択ツールで、服のしわなどディテールを加えていきます❹。こういったテクスチャを加える作業はレイヤーを別にして重ね、ブラシを使い分けて作業しています。

ある程度塗り終えたら、主線の色を調整します。
キャラクターの塗りレイヤー全てを選択した状態で、オートアクション「主線色かえ」（参照： https://assets.clip-studio.com/ja-jp/detail?id=1784839 ）を使用します。ハードライトモードのレイヤーが作成されるので、**線レイヤーの上に移動させ、不透明度を下げて色をなじませます❺**。
さらに細かく描き込んでいきます。影と光の境界部分に彩度がやや高めのオレンジ色を加えるとリアリティが増します（明暗境界線）。また、紫系の色味で反射光を加えます❻。

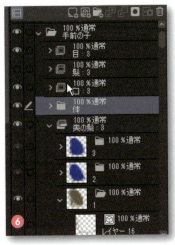

髪の毛も同様の手順で進めます。
明るい方の影1は、ベース部分に薄くグラデーション・質感出し→オートアクション主線色かえ→さらに色トレスを手描きで加える流れです。そして暗い方の影2をなじませ、反射光も加えます❼。
瞳は、まず白目に影を入れ、瞳にグラデーションを加えます。そして瞳下部にアクセントとなる色で反射光を加え、さらに濃いグラデーションとハイライトを追加し仕上げるという流れで完成です❽。
仕上げ時に明度の調整を行いました❾。

タイムラインのセルを切り替えて、パーツに不備がないか、塗り忘れている部分がないか等をチェックします。
各パーツの原画を含めて、手前の女の子の着彩が終わりました❿。

奥側の女の子も、同じ要領で着彩を進めていきます⓭。
これでキャラクターすべての着彩が完了しました。

最後に背景の着彩をします。まずはカラーラフから色を拾ってベースカラーを塗り分けます。⓮は遠景の描き込みを終えた状態です。
描き込みはGペンを使用して⓯、不透明度70〜80%とする頻度が高めです。そのほか、タッチ用のブラシは木の葉などに使用しています。
中景・近景の描き込みを終えて、色調整レイヤーを重ねた状態です⓰。
イラストが完成したら、各パーツごとにレイヤーを統合した上でPSD形式で保存しておきます。

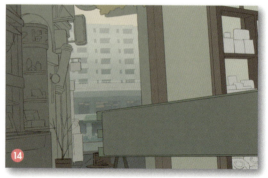

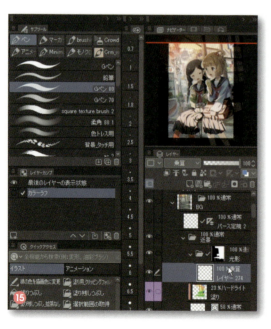

STEP4 動かすための素材づくり（落ち葉／3色ポール）

ベースとなるイラストや原画素材ができあがったので、次は動かすための素材を作ります。

After Effectsで落ち葉にエフェクトをかけたいので、クリスタであらかじめ葉っぱの素材を作成しておきます。今回は季節が秋なので、銀杏の葉っぱを作成しました。ぼかして小さく使用するので、サイズは小さめに描いています。レイヤーを統合して、ファイルはPSD形式にしておきます。

次は背景で使用する、理髪店の看板の3色ポール素材を作成します。キャンバスサイズは❶の通りです。
　［表示］＞［グリッド］をONにし、再度表示させます。
　［グリッド・ルーラー設定］で❷の通り設定します。
選択範囲［長方形選択］＞［塗りつぶし］で色を置き❸、
［自由変形］でひし形に変形させます❹。レイヤーをコピペして2つ縦に並べ、色も変更します❺。
作成した2枚のレイヤーを統合し、レイヤーを選択して右クリックし、［レイヤーの変換］＞［画像素材レイヤー］を選択してOKボタンを押します。レイヤー名を「パターン」に変更しました❻。

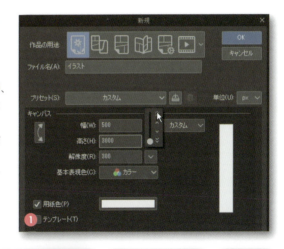

ツールプロパティから右下の設定アイコンをクリックします❼。

［タイリング］＞［タイリング］にチェックを入れ、タイリング方向を［上下のみ］に設定します❽。これで上下方向にパターンが展開されます。

オブジェクトモードでパターンレイヤーを下方向に垂直に移動させ❾、キャンバスを最大限拡大したのち、レイヤーの中心がキャンバス下部中央にくるように位置調整します。先ほど設定したグリッド線を目安に進めます。

レイヤーを右クリックしてラスタライズします。ストライプが等間隔になるよう、投げ縄ツールでキャンバス中心にあるストライプの位置を微調整します❿。

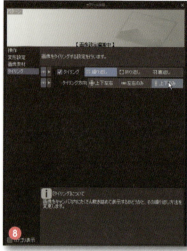

再度、画像素材レイヤーに変換し、先ほどと同じ要領でツールプロパティから右下の設定アイコンをクリックし、［タイリング］＞［タイリング］にチェックを入れ、タイリング方向を［上下のみ］に設定してパターンを展開させます。

上下方向にスライドさせて、つなぎ目に矛盾がないかをチェックします。ズレを見つけたらその部分をなるべくキャンバス中央に移動させてラスタライズし、適宜つなぎ目を修正します。

また、画像素材レイヤーに変換〜タイリングの作業をして破綻がなくなるまでチェックと微調整を繰り返します。今回は背景の小さい面積で使用するのであまり厳密には作っておらず、あきらかな破綻がなければOKとしました。

これで3色ポールのシームレス素材が完成です⓫。PSD形式で保存しておきます。

STEP5　Photoshopを使用してマスク素材を作成

先ほど作成したイラスト素材のPSDファイルを開き、背景の3色ポール部分のマスクをPhotoshop上で作成しておきます❶❷❸。

今回は光の反射も重ねたいので、反射部分もレイヤーを分けて作業します❹。

これで素材の作成が完了しました。これ以降はAfter Effectsを使用してアニメーションの作業を行います。

4-2-3

アニメーションを制作する

イラストや素材が完成したので、いよいよAfter Effectsでアニメーションを作成する工程へ入ります。
流れとしてはまずキャラクターから始め、次に背景や葉っぱを動かし、
最後に環境光など全体の調整を行います。

STEP1　新規コンポジションを作成し、読み込みファイルの整理を行う

新規コンポジションからプロジェクト作成します。名前は「コンポ」とし、設定は20秒間の尺の動画で「ソーシャルメディア（縦長 HD）・1080×1920・30fps」の設定です。
素材の読み込みを行います。読み込みの種類は［編集可能なレイヤースタイル］を選択します。4-2-2までに作成したイラスト、葉っぱ、3色ボール素材の計3点のPSDファイルを取り込みます。
ここでは**レイヤー統合_take1**レイヤーとなっているコンポジションアイコンの素材を、画面左下の「コンポ」タイムラインにドラッグし、**レイヤー統合_take1**レイヤーのプロパティを展開します。スケールの項目を調整して、イラストを画面に収めます❶。
続いて読み込んだファイルの整理を行います。プロジェクトパネル下部の［新規フォルダを作成］ボタンから整理用のフォルダを作成し、プロジェクト内のコンポジションと素材の場所を分けておきます。さらにキャラのコンポジションはキャラごとにファイルに入れ、整理が完了しました❷。

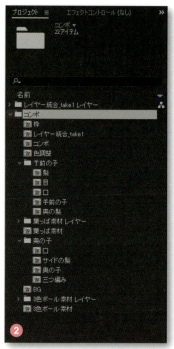

STEP2 キャラクターの目・髪・口を動かす

各パーツを動かすにあたって、基本的にはタイムライン上にレイヤーバーを階段状に素材を置いていくイメージで作業をします。ただ、全部を置くのは大変なので、プリコンポジション（コンポの中に子のコンポを作成して親子関係にする）で1ループ分を作り、その素材を並べていく流れになります。
まずはコンポ＞レイヤー統合_take1＞手前の子＞目、とダブルクリックしてコンポジションを展開します❶❷。

手前の女の子のまばたきから作成します。
初期の表示状態では3枚の原画がすべて重なって表示されています❸。この原画をそれぞれ配置調整していきます。
タイムラインのズームを最大にしておくとフレーム単位の表示になるので最大にしておきます。閉じ目（レイヤー3）、中目（レイヤー2）のレイヤーバーを選択し、3フレームに縮めます❹。
そして閉じ目→中目の順に表示されるよう、レイヤーバーの配置をずらします❺。

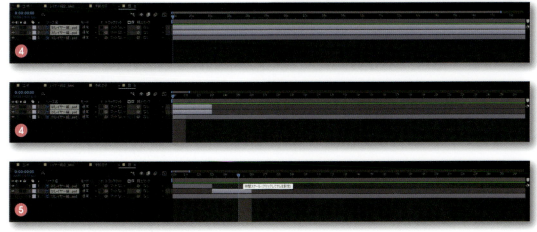

レイヤー2と3をコピペして、レイヤー4と5を作成します❻。
これらを時間をずらしたところに配置し、さらに再度コピペして配置します❼。これでタイムライン上に3回分のまばたきの原画が配置されました。
続いてレイヤー2〜7をまとめて選択してコピペし❽、さらにコピペしたレイヤー8〜13をまとめて選択してコピペし❾、時間をずらして配置します。

これで20秒の間に、3回のまばたき×3回が繰り返される動画になりました❿。
現段階ではまだ開き目が表示されっぱなしの状態ですが、他のパーツのタイミング決めを今は優先し、全体のタイミングが固まったら処理するので、ここではいったん放置します。

210

続いて手前の女の子の髪のなびき作成に取り掛かります。「髪」コンポジションを展開したら3枚のなびきレイヤーの尺とタイムライン配置を調整します。髪なびき原画は1枚につき18フレームで設定しました。ワークエリアをレイヤーの尺に合わせます⓫。

これらのレイヤー3枚を選択し、レイヤーバー上で右クリックしてプリコンポーズを選択します⓬。
レイヤー名を分かりやすいものに変更し、［選択したレイヤーの長さに合わせてコンポジションのデュレーションを調整する］にチェックを入れてOKを押します⓭。
3枚の原画がひとかたまりのレイヤーになりました。そのレイヤーをいくつか複製します⓮。

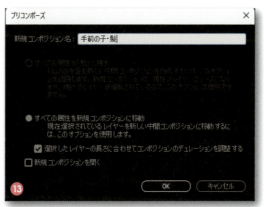

そしてレイヤーバーを20秒の尺いっぱいまで階段状に隙間なく配置します⓯。
「コンポ」に戻ってプレビューし、髪のなびきが途切れることなくリピートされているか確認しておきます。

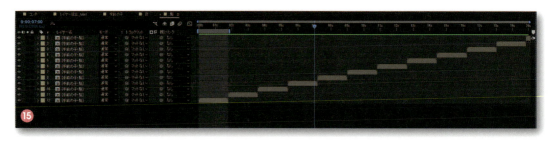

奥側の髪についても同様に処理します。18フレームずつ、階段状になるように配置します⓰。
そしてプリコンポーズを選択し、複製して、階段状に配置します⓱。
「コンポ」に戻って、手前の髪と奥の髪が同じタイミングで綺麗にリピートしていることを確認しておきます。

手前の髪の0フレーム→19フレームの動きを重ねたもの

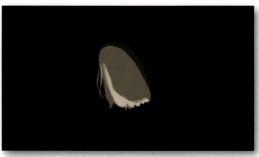

奥の髪の0フレーム→19フレームの動きを重ねたもの

0フレーム

19フレーム

37フレーム

58フレーム
（0フレームと同じ原画）

次は手前の女の子の口をパクパクさせる動きを作成します。
「口」コンポジションを展開したらレイヤー1（開き口）、レイヤー1a（中口）、レイヤー2（閉じ口）の順になるよう、レイヤー順を下から並び替えます。そしてレイヤー2を複製し、作成したレイヤー3は一番下へ移動します。レイヤー1から上の3つを選択し、レイヤーバーを3フレームまで縮め⓲、ひとまず階段状に並べます⓳。
レイヤー1を複製し、複製したレイヤー4を1aと2の間に挟み込みます。階段状にしたいのでレイヤーの順番もついでに変更しておきます⓴。これで【開き口→中口→開き→閉じ口】の1ループができました。

少し速度をゆっくりさせたいので、原画1枚あたりの速度を3フレームから4フレームへ変更します㉑。
この1ループ4枚のレイヤー（階段状配置のレイヤー）をコピペして複製し、タイミングを少し後ろにずらすとともに階段をつなぐ形で配置します㉒。
レイヤー6（開き口）を複製して、複製したレイヤー8を、レイヤー6と7の間に挟み込みます㉓。階段状にしたいのでこの後レイヤーの順番もついでに変更しておきます。

一番下に配置していたレイヤー3を除く、他の階段状のレイヤーバーをプリコンポーズでひとかたまりにして❷、できたコンポを新規に6枚複製し、まんべんなくタイムラインに配置します❷。

三つ編みの子と会話をするシーンなので、口パクをするタイミングについては後ほど調整する必要があります。そのため今の配置は仮の段階です。

次に、「目」のコンポジションへ移動して、表示されっぱなしになっていた開き目の処理を行います。

開き目のレイヤー1のレイヤーバーをまばたきの直前まで縮めます。レイヤーを複製して2回目のまばたきとつながるようにレイヤーバーの尺を調整し、階段状になるようレイヤー順も変更します。最終的にこのようなタイムラインになりました❷。

プレビューで再生をして絵が途切れている箇所がないか等チェックしておきます。

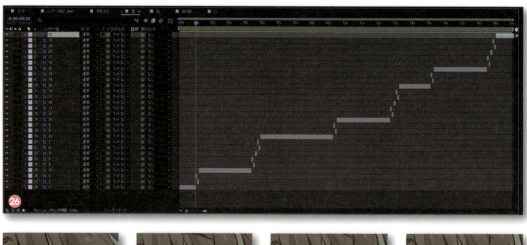

0フレーム

29フレーム

34フレーム

35フレーム
（0フレームと同じ原画）

214

STEP3 キャラクター同士の動きのタイミングを調節していく

さらに細かく調整していきます。手前の女の子は短い髪なので、揺れる速度が早めになるため、ループを早めに設定します。対して奥の女の子は長髪なので、ループを遅めに設定します。奥の子の髪のタイミングは24フレームにします❶。手前と奥の子で、動きが同時にならないように工夫します。タイミングが被らないほうがより良く見えるためです。髪の1ループのコンポジションの長さと素材の切り替わりのタイミングは、ずれないように同じキャラ内で合わせるようにします。

また、口も同じようにプリコンポジションを使ってランダムに切り替わるように1ループ分作成します。会話しているように見せたいので、こちらも2キャラで会話のタイミングが重ならないように配置します。手前の子と同様、奥の子に口パク処理をします。奥の子はよりランダム性を持たせてみました。【開き→閉じ→中→閉じ→開き→中→開き】という順です❷。
これらをSTEP2での作業と同様に、プリコンポーズでひとかたまりにしておきます。

キャラ同士の口パクのタイミングを調整します。まず手前の子の口コンポジションを開き、左から4番目と5番目のレイヤーバーの開始時間をメモしておき❸、その後この2つのレイヤーは消去します。
奥の子の口コンポジションに移動し、先ほどメモした開始時間に合わせて、口パクのコンポジションを複製して2つ配置します❹。「コンポ」に戻ってプレビュー再生し、2人の口パクのタイミングが噛み合っているかを確認し、問題なければこれでキャラクターの動きは完成です。

STEP4 背景の理髪店の看板部分に動きをつける

キャラクターの調整が終わったので、次は背景の動きに取りかかります。
まずは理髪店の看板の中の動きを作成します。プロジェクトパネルの素材一覧から、「3色ポール素材」コンポジションをダブルクリックして展開し、**パターン2**レイヤーを選択したら［エフェクト］＞［スタイライズ］と選択し［モーションタイル］を使用して作業を行います❶。
現在の時間を0秒地点に移動させ、エフェクトコントロールパネルの［モーションタイル］＞［タイルの中心］の左にある時計マークをクリック、青色になればOKです。［タイルの中心］の右側の数値を「10843.0」にします❷。そしてインジケータを一番右側の20秒地点に移動させ、［タイルの中心］の右側の数値を「574.0」にします。
プレビュー再生で速度感やスクロール方向に問題がないか確認します。

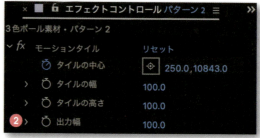

続いて「BG」コンポジションを展開し、「3色ポール素材」コンポジションを「ポール部分マスク」の下に入れます❸。
移動とともにスケール・回転プロパティの数値を調整しつつ赤いマスク部分と角度や大きさを合わせます。マスクがはみでないように、なるべくぴったりめに調整します❹。

素材にマスクをかけます。タイムラインパネルで「3色ポール素材」のトラックマット項目から、[5.ポール部分マスク]を選択します❺。トラックマットとはペイントソフトにあるクリッピングマスク機能のように選択したレイヤーの形に切り抜いたように見せる機能です。
マスクがかかりました❻。プレビュー再生して動きを確認します。

今のままでは素材がBGから浮いているので、絵になじむように一工夫を加えます。
「3色ポール素材」コンポジションに移動して、タイムラインの一番上に新規平面レイヤーを作成し、[エフェクト] > [ノイズ＆グレイン] > [フラクタルノイズ] をかけます❼。
描画モードをオーバーレイにし❽、不透明度を17%に調整しました❾。
そして「BG」コンポジションに戻ります。3色ポール看板の色も調整したいので、**3色ポール素材**レイヤーに [エフェクト] > [カラー補正] > [色相・彩度] で彩度を「-42」に落とし、明度を「8」にやや上げました。これで背景となじむようになりました❿。

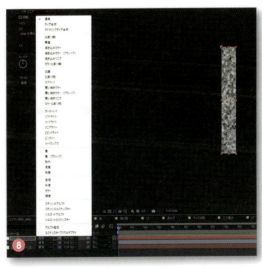

STEP5 前景で舞う葉っぱを動かす

次に、前景でひらひらと舞う葉っぱの動きを作成します。「レイヤー統合_take1」コンポジションへ移動したら新規で平面レイヤーを作成し、**葉っぱ素材**レイヤーの上に配置します。
葉っぱエフェクトレイヤーに［エフェクト］＞［シュミレーション］＞［CC Particle World］をかけます❶。
「CC Particle World」は吹き出す粒子を作成するエフェクトで、この粒子をさらに葉っぱに変えて大量に作成するため［Particle］＞［Particle Type］＞［Textured QuadPolygon］を選択します❷。

　［Particle］＞［Texture］＞［Texture Layer］で「葉っぱ素材」のレイヤーを指定します❸。これで粒子が全て**葉っぱ素材**レイヤーに置き換わったので、後は「CC Particle World」の様々な値を変更して、葉っぱの動きを調整します。
葉っぱに奥行きが出てランダムに見えるようになりました。最終的な数値は❹の通りです。［Opacity Map］も❹のようにマッピングしておきます。少し操作が独特なエフェクトです。
　パーティクルをかけた平面レイヤーと葉っぱのレイヤーをまとめてプリコンポジションします。

プレビューで確認すると葉っぱの落ちる速度が少し早く感じたので、時間を引き延ばして、落ちる速度を遅くします。
葉っぱプリコンポジションのレイヤーバー上で右クリックをし、[時間] > [タイムリマップ] で速度を調整する区間を指定します❺。
「0:00:09:25」「0:00:11:10」の時間で2箇所にキーフレームを作成します❻。
「0:00:09:25」に作成したキーフレームは0秒目へドラッグでキーフレームを移動して、「0:00:11:10」に作成したキーフレームは20秒目へ移動して2つのキーフレームの間を伸ばして時間を引き伸ばします❼。
これでゆっくりと葉が落ちるエフェクトのできあがりです。

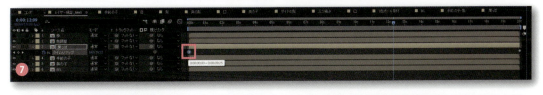

STEP6 色調整など最後の調整を行う

作成した葉っぱのエフェクトが、キャラの顔に重ならないように調整します。葉っぱレイヤーを選択したらペンツールを選択し、顔まわりをパスで囲みます❶。
マスクを作成し、[反転] にチェックを入れ、[マスクの境界線のぼかし] プロパティを選択して「260」と入力します❷。
葉っぱの色調整のため、葉っぱレイヤーにエフェクトを2つ追加します。1つめは [露光量] エフェクトを使用し❸、露出プロパティを「0.45」と明るくし、2つめは [ブラー（カメラレンズ）] でブラー半径プロパティを「7.0」として少しぼかします。
その後葉っぱレイヤーを複製して上に重ね、描画モードを [加算] とし、不透明度プロパティを15%に変更します❹。

最後に全体に対して、環境光の微調整を行います。
調整レイヤーを新規作成し❺、色調整コンポジションの上に置きます。作成した調整レイヤーに、先ほども使用した [エフェクト] > [ブラー＆シャープ] > [ブラー（カメラレンズ）] をかけます。
キャラまわりを囲ったマスクを作成し❻、反転させ❼、マスクの境界線のぼかしで周辺を少しぼかしてなじませます❽。

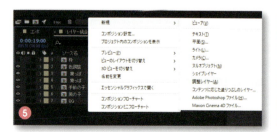

環境光のちかちかを作成します。**色調整**レイヤーを不透明度80％にし、尺の始まりと終わりにキーフレームを打ちます❾。

［ウィンドウ］メニュー＞［ウィグラー］を選択してウィグラーパネルを表示しておき❿、色調整コンポジションに［ウィグラー］をかけます。ウィグラーは2つのキーフレームの間にランダムな数値のキーフレームを自動作成してくれる機能です。不透明度のプロパティをクリックすると2つのキーフレームを同時選択した状態になるので、ウィグラープロパティのノイズの種類は［ギザギザ］、周波数は［7］、強さは［11］に設定して［適用］のボタンを押します⓫。

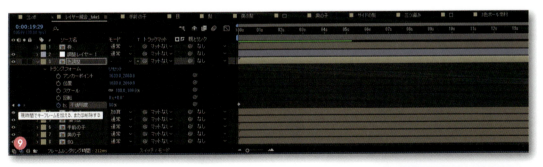

プレビューで再生してみると、環境光のちかちかした雰囲気が表現されるようになりました。
あとはレンダリングして動画の完成です。お疲れさまでした！

[NAME]
二反田こな

[PROFILE]
イラストレーター、アニメーター。アニメ会社とゲーム会社勤務を経たのちフリーランスとして独立。主な仕事に「DECO*27 - ハオ feat. 初音ミク」MVイラスト、「ポケモンカードゲーム」カードイラスト「POKÉTOON - ラッキーなサファリでおにごっこ！？」キャラクターデザイン等。丸くて可愛いもの好き。手帳や自作キーボード制作、ゲームが趣味。

[CONTACT]
Web：https://nitandacona.work/
Youtubeアカウント：@Cona_Nitanda
Xアカウント：@nitanda_cona

[作業環境]
CLIP STUDIO PAINT EX / Photoshop 2024 / After Effects 2024 / Wacom Cintiq 16 FHD

[Q&A]

Q1
イラストを動かしたいと思ったきっかけ

静止画単体の魅力を活かしつつ、例えばキャラクターにまばたきをさせるだけであっても1枚のイラストからより可能性を広げられると感じたのが、最初にイラストを動かしたいと思ったきっかけです。

Q2
動かすにあたって（もしくは動かす前提の作品を描くにあたって）大切にしていること

イラストを動かす場合は原画の1枚1枚に着彩の工程が発生するので、作業量が膨大になりがちです。そのため、途中で力尽きてしまわないように「動かすパーツをどれに絞るか」「各パーツは手描きもしくはAfter Effectsのどちらで動かすか」等、計画を予め練っておくことが大切だと感じています。

Q3
動きにおいて影響を受けたものや作品、学んだものなど

京都アニメーションの作品。『氷菓』、『けいおん！』等。

Q4
今後チャレンジしてみたい表現やお仕事

個人制作での手作り感のあるアニメーションMV。

Q5
読者へのメッセージ

まずはキャラクターの目をぱちぱちさせたり、口をぱくぱくさせるところからでも。
気軽にイラストを動かす一歩を踏み出してみてください！　きっと思った以上の驚きや感動があるはずです。
1枚のイラストを描くだけに留まらず動きを加えるという工程は、手間が掛かるぶん、より画面に生命が吹き込まれる感覚があります。完成が近づくにつれて自分のイラストが活き活きと動きはじめるのは、とっても楽しいです。ぜひ動かすことで味わえるワクワクを、絵を描く皆さまにも体験していただけると嬉しく思います。今回の解説が、そのための一助になれていましたら幸いです。

▶Q&A

初心者が
陥りやすい事象と解決法

ここではAfter Effects作業において、初心者が陥り
やすい事象とその解決法を紹介します。After Effects
では色々なことができる反面、それに合わせた機能が
多く備わっていることで作業中によくわからない状態
になってしまうことがあります。その解決法を探すのも
大変なので、ここでは代表的ともいえる事象と解決法
を紹介します。

Q&A 1

コンポジション画面で素材が一部しか表示されなくなった

作業中に気づいたらコンポジションパネルに一部の素材（レイヤー）だけが表示されて、
あとは何も表示されなくなる時があります。
その際は以下の内容を確認してみてください。

❗ 原因1

まず、コンポジションパネル左上のタブを確認してみてください。そこに複数のタブが表示されている場合は、素材の一部だけを表示する状態になっています❶。
タイムラインパネルに配置しているレイヤーをダブルクリックすると［レイヤーパネル］が開き❷、プロジェクトパネル内にあるレイヤーをダブルクリックすると［フッテージパネル］が開いて❸、どちらもダブルクリックしたレイヤーのみを表示するパネルが表示されます。

✓ 解決法1

［コンポジション］のタブを選択すれば元の作業画面に戻ることができます❹。
もしくはレイヤーパネル、フッテージパネルのタブ左側にある［×］印をクリックすれば閉じることができます❺。

✓ 原因・解決法2

タイムラインパネル左側にある［ソロ］ボタンを確認してみてください。
レイヤーの［ソロ］がオンになっていると、そのレイヤーのみを表示している状態になります❻。全てのレイヤーをオフにすればすべて表示状態に戻ります。

Q&A 2

パネルが消えてしまった、もしくは画面の配置を元に戻したい

作業中にコンポジションパネルをうっかり消してしまった、
パネルの配置が変わってしまった、
元の状態に戻したいというときは以下の内容を確認してみてください。

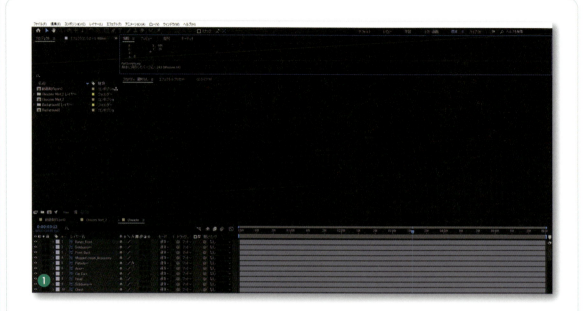

⚠ 原因1

コンポジションパネルが消えてしまっています❶。
タブをドラッグで動かしてしまった❷、またはタブの［×］ボタンをクリックしてしまった❸、ということが原因と考えられます。

✓ 解決法

画面右上部にあるワークスペースの中から使用しているワークスペースの、今回で言うと［標準］の右にある［≡］をクリックしてプルダウンメニューを出し、その中の［保存したレイアウトにリセット］を選択します❹。
すると元の［標準］設定の画面配置に戻ります。

Q&A 3

PSDファイルをドラッグして読み込むと不具合が起きる

PSDファイルをAfter Effectsの［読み込み］機能から読み込むのではなく、
直接ドラッグして放り込んで読み込むと不具合が起きることがあります。
この読み込み方法は避けることをおすすめします。理由は以下の内容になります。

❗ 原因

ファイルを直接ドラッグしてプロジェクトパネルに読み込む方法を行うと、作業中に色々と不具合が起きることがあります。
必ず起きるということではないうえに、何が起きるかという断定もできないのですが、筆者の経験上「この事象は何が原因で起きているのですか？」という質問の中には原因がよくわからないものがあり、その時に「PSDファイルをドラッグして読み込んだ？」と聞くと高確率でそうですと言う回答があります。その後、PSDファイルを［読み込み］機能で読み込み直すと問題が解消されることから、ドラッグ＆ドロップで読み込む方法は何かしら不具合を起こす可能性があると考えられます。

✅ 解決法

ドラッグ＆ドロップでは読み込まず、［ファイル］＞［読み込み］からPSDファイルを読み込むようにしてください。

Q&A 4

アンカーポイントや動きの軌道が表示されない

タイムラインパネルに配置してあるレイヤーを選択すると、
コンポジションパネル内でレイヤーの大きさを表す枠や中心点のアンカーポイント、
動きの軌道などが表示されますが、まれに表示されないときがあります。
そんな時は以下の内容を確認してみてください。

❗ 原因

After Effectsを起動した直後の、作業開始時に起きやすい事象で、原因は特になく作業途中であっても突然表示されなくなる時があります。

✓ 解決法

コンポジションパネル下部にある［マスクとシェイプのパスを表示］ボタンをオン／オフと繰り返し押すことで表示されるようになります。

Q&A 5

コンポジションの長さが足りない状態になった

PSDファイルを［コンポジション］もしくは［コンポジション - レイヤーサイズを維持］で読み込んだ際に、
ペイントソフトで作業していたレイヤー階層をコンポジションとして読み込みますが、
そのコンポジションを他のコンポジションに入れると長さが足りず、
途中で表示が消えてしまう状態になることがあります。そんな時は以下の内容を確認してみてください。

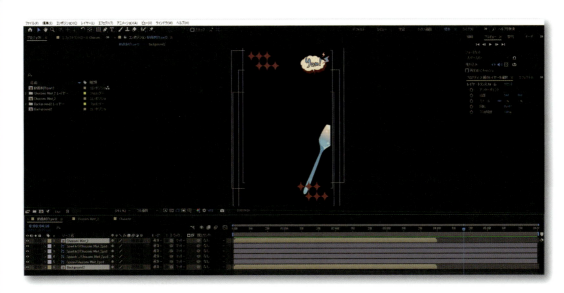

❗ 原因

PSDファイルを読み込む前に作業用のコンポジションを先に作成しなかったことで起こる事象です。PSDファイルを読み込んだ際に自動で作成されるコンポジションの時間設定［デュレーション］は、最後に作成・変更したコンポジションのデュレーションと同じ設定で作成されます。そのことから前回作成・変更したコンポジションのデュレーションで読み込んでしまったPSDファイルと今回作成した作業用コンポジションのデュレーションが違った場合に時間設定の違いが起き、それが原因で読み込んだコンポジションを作業用コンポジションに入れた際に、タイムラインパネルで時間の長さを表すバーが短くなったり長くなったりします。
そんな時は以下の内容を確認してみてください。

✓ 解決法

先に作業用コンポジションを作成してからPSDファイルを［コンポジション］もしくは［コンポジション - レイヤーサイズを維持］で読み込みます。こうすることで最後に作成したのは今回の作業用コンポジションということになるので、その後読み込まれるPSDファイルで作成されるコンポジションも、今回の作業用コンポジションと同じ時間設定になります。
もし先に読み込んでしまったという場合は、一度プロジェクトパネルからPSDファイルを削除して、先に作業用コンポジションを作成した後に再度読み込み直すと良いのですが、作業がだいぶ進行していてPSDファイルを削除したくないという場合は、時間を揃えるために各コンポジションのデュレーション設定を変更する必要があります。その方法は次ページのQ&A 6を参考にしてください。

Q&A 6

コンポジションの時間設定を変更したら、途中でレイヤーの表示が消えた

［コンポジション］メニュー＞［コンポジション設定］で、
作成済みのコンポジション設定を後から変更することができますが、
そこでデュレーションを増やす変更をした際に、
そのままプレビューをするとレイヤー表示が消えてしまう事象が起きます。
そんな時は以下の内容を確認してみてください。

⚠ 原因

各レイヤーやコンポジションのデュレーション（デュレーションバーの長さ）は、読み込み時や作成時、配置時のデュレーション設定となっています。その設定になっている素材を配置しているコンポジションのデュレーションを増やす変更をしてしまうと、配置しているレイヤーやコンポジションは変更前のデュレーションのままになっているので、増えたデュレーション部分の表示が補えず途中で消えてしまいます。

✓ 解決法

デュレーションを増やす変更をした場合、まず表示に気を付けてください。一見するとタイムラインに変化はないように見えますが❶、タイムラインパネル下部にある［フレーム単位へズームイン、コンポジション全体へズームアウト］のスライダーを左へ動かすことで、増えたデュレーション部分を表示させることができます❷。

各レイヤーの表示時間を表すバー［デュレーションバー］が最後まで伸びておらず、そのことで途中で消えてしまっているので、このデュレーションバーを最後まで伸ばします。

デュレーションバー左端にカーソルを合わせると左右の小さな矢印になるので、その状態でクリックしたまま、ドラッグで増やしたデュレーション分を補うようにデュレーションバーを伸ばします❸。これでレイヤーを最後まで表示させることができます。

ただ、コンポジションのデュレーションバーの方は伸ばすことができません。コンポジションはコンポジション設定でデュレーションが決められているので、短くして非表示にはできますが、長くすることはできない状態になっています❹。

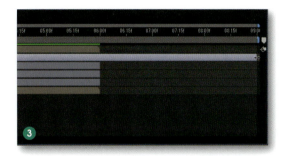

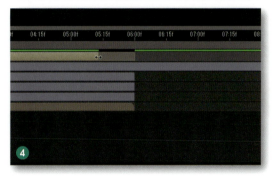

この場合は各コンポジションのデュレーションを修正する必要があります。
タイムラインパネルで修正したいコンポジションに移動して、［コンポジション］メニュー＞［コンポジション設定］を選択して各コンポジションのデュレーションを増やして変更します。
先ほどと同様にタイムラインパネル下部にある［フレーム単位へズームイン、コンポジション全体へズームアウト］のスライダーを左へ動かして全体を表示して、配置してあるレイヤーを伸ばします。ただこの時、修正したコンポジションの中に未修正のコンポジションが入っていると、また非表示部分が出てきてしまいます❺。
そのため、使用している全てのコンポジションの設定を変え、さらにその中に配置してある全てのレイヤーのデュレーションバーを伸ばして補う必要があります。これは非常に手間がかかりミスも起きやすくなります。そのことから作業開始時にコンポジションを作成しておくのですが、その際に作成する動画の時間、デュレーションが決まっていない場合は長めに設定して作成しておきます。あとからデュレーションを短くする分にはレイヤーやコンポジションを補う必要はなく、時間オーバー分が表示されなくなるだけなので、その分の修正作業も少なくて済むのでおすすめです。

Q&A 7

After Effectsの動作が遅くなった

After Effectsで作業を続けていると、動作が徐々に遅くなり、
プレビューが途中までしか再生されない状態になってくることがあります。
そんな時は以下の内容を確認してみてください。

❗ 原因1

作業を続けるうちに、キャッシュと呼ばれる今までの作業内容を一時的に保存しているデータが溜まっていきます。これがいっぱいになると動作が遅くなったり、プレビューが満足にできなくなります。

✓ 解決法1

定期的にキャッシュを消去します。消去方法は［編集］メニュー＞［キャッシュの消去］＞［全てのキャッシュ］を選択します❶。
すると［ディスクキャッシュを消去］パネルが開くので［OK］を押してキャッシュを消去します❷。
このキャッシュはAfter Effectsを終了させても残り続ける場合があるため、特にプレビューを繰り返しているとキャッシュが溜まっていき、あまりに溜まりすぎるとAfter Effectsが強制終了する可能性も出てきます。そのことからも定期的にキャッシュを消去するのが良いのですが、キャッシュを消去すると今までの作業に関する一時的に保存しているデータが消えるため、例えば［編集］メニュー＞［○○の取り消し］で作業の巻き戻しができなくなる（初期状態になる）ことや、プレビューも初期状態になり最初からやり直しになります。そのため作業終了時に消去することをおすすめします。
After Effectsでの作業中に動作が遅く、プレビューも途中までしかできない状態で、キャッシュの消去をしても遅い状態の時は、以下の内容を確認してみてください。

❗ 原因2

作業に使用しているマシン（PC本体）に搭載されている、RAMと呼ばれる一時的にデータを保管しておく記憶装置の容量によっては作業環境やプレビューの動作が変わってきます。

✓ 解決法2

RAMを増設する、大きい容量のRAMと交換する、仮想メモリを使用するといった方法もあるのですが、お金もかかる上に手間もかかります。そこで簡易に対応する方法が、解像度を変更することです。

解像度を変更するには、コンポジションパネル左下にある［解像度］を選択して変更します❸。

解像度の画質を落とすほど速度優先となり、作業環境やプレビューの動作は早くなりますが、その反面コンポジションパネルに表示される画質やプレビューで再生される画質が落ちます。ただこれはあくまでも表示上解像度を落としているだけなので、元データの解像度が落ちているわけではありません。

また、プレビューだけ解像度を落とすこともできます。プレビューパネルを下方に広げると［解像度］の項目が出てきます❹。そこで解像度を変更して落とすことでプレビューのみ速度優先することもできます。［自動］という設定はコンポジションパネルの解像度と同じ設定になります。

もしも作業環境が遅い場合は、作業中は解像度を落として速度優先で作業をして、仕上がり確認時やレンダリング時に解像度を［フル画質］に戻すやり方をおすすめします。

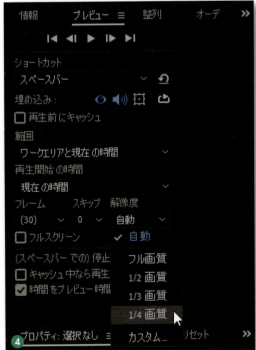

Q&A 8

プレビューの再生の動きに不具合がある

プレビューで再生を行うと、何だか滑らかではなくカクカクとした動きになったり、
プレビューがすごくゆっくりもしくは倍速で再生されたりする場合があります。
そんなときは以下の内容を確認してみてください。

❗ 原因

不規則に再生が止まったり表示画像を飛ばしたりゆっくりになる場合は、Q&A 7で解説した原因も考えられますが、規則的に上記の原因が起こるプレビューになる場合は［プレビューパネル］の設定が原因である可能性があります。

✓ 解決法

プレビューパネル下部を下方に広げると［フレーム］と［スキップ］という項目が表示されます。

［フレーム］はフレームレートのことで、1秒間の表示画像枚数を表しており、これを作業コンポジションと同じにしないと再生速度が変わって見えてしまいます。特別な理由がなければコンポジションと同じフレームレート、今回で言えば［30］にしておきます。

［スキップ］は再生画像を何枚ごとに飛ばすかという設定で、この数値を0以外にしてしまうと、その数字に合わせて画像を飛ばしてプレビューします。カクカクとした動きになってしまうので、こちらも特別理由がない場合は0にしておきます。

Q&A 9

レイヤーの縦横比が変わってしまった

レイヤーを拡大／縮小した際に、
レイヤーの縦横比を変えてしまうことがあります。
そんな時は以下の内容を確認してみてください。

❗ 原因

コンポジションパネル内で、レイヤーの四隅をドラッグすることでサイズを調整することができますが、そのまま作業をするとサイズの縦横比までもが変わってしまい、レイヤーが歪んでしまいます。
拡大／縮小中に［Shift］キーを押すことで縦横比固定でサイズを変えることもできますが、その後ドラッグ作業を終える前に［Shift］キーを先に離してしまうとその瞬間に縦横比が変わってしまうので注意が必要です。

✅ 解決法

After Effectsにまだ慣れないうちは、コンポジションパネル内でレイヤーサイズを変更するのではなく、タイムラインパネルのスケールプロパティを使用してサイズ変更をするようにしてください❶。
もしサイズの縦横比が変わってしまった場合は、このスケールプロパティの［現在の縦横比を固定］スイッチをオフにして❷、スケールの数値を左側（横のサイズ）と右の数値（縦のサイズ）を同じ数値に統一させたら❸、再度［現在の縦横比を固定］スイッチをオンに戻してください。これで縦横比が元の同じ比率に戻ります。

Q&A 10

表示がカラーバーになった

After Effectsを起動して作業を始めようとしたときや、
作業途中で突然コンポジションパネルの表示がカラーバー表示になることがあります。
そんな時は以下の内容を確認してみてください。

❗ 原因

After Effectsで使用している素材の、元素材の名前を変更したり保存場所を移動させてしまうと、After Effectsが素材を見失い、その結果カラーバーとして表示されてしまいます。

✅ 解決法

使用している素材の名前や、保存場所を移動させた素材を元に戻し、After Effectsを再起動することでカラーバー表示を解消することができます。また、名前や移動場所を元に戻したくない場合はAfter Effects上でフッテージの置き換え機能を使用し、名前もしくは場所を移動した素材と入れ替えることでカラーバー表示を解消します。

［フッテージの置き換え］はプロジェクトパネル内でカラーバー表示となっている素材を選択し、［ファイル］メニュー＞［フッテージの置き換え］＞［ファイル］を選択します❶。

または置き換えたいファイルを右クリックでも［フッテージの置き換え］を選択できます❷。

これで名前を変更したファイルもしくは移動先ファイルを選択して読み込み直せば再度表示されるようになります❸。

このことからも、使用素材とAfter Effects保存ファイルは同じフォルダに入れて管理するとカラーバー表示を回避しやすくなるのでおおすすめです。

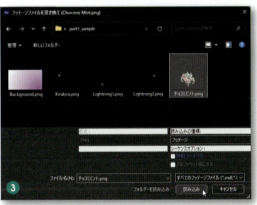

INDEX

ABC

AI（エーアイ）形式 012
AVI（Video for Windows） 013
CC Particle World 218
CC Rainfall 145-146
CC Snowfall 147
Cinema 4D 013
CLIP STUDIO ASSETS 193, 203
CLIP STUDIO PAINT
.... 002, 162, 167-179, 192-206, 189, 222
fps（Frames Per Second）
.... 019, 072, 117, 180, 197, 208
H.264 067
JPEG（ジェイペグ）形式 012
Live2D 013, 069
MOV 013
MP3 .... 012, 116
MP4 013
Photoshop 012, 207, 141
Photoshopファイルの読み込み
.... 072-079, 118, 140, 180, 208, 227, 229
PNG（ピング）形式 012
PSD（ピーエスディ）形式 012, 070, 121, 204-205
RGB 070
TGA 121

あ行

アンカーポイント 029, 045-046, 049, 228
イージーイーズ／イージーイーズイン／イージーイーズアウト
.... 036-038, 042, 056, 059, 095, 098, 158-159, 182
位置の調整 026-027, 030, 032,
037, 050-051, 054-057, 063, 082, 085, 087-088, 099,
102, 104-105, 109, 136, 138-142, 155, 157-158, 172,
178, 182, 187-188, 193, 206
ウィグラー 221
動きの繰り返し（往復運動）を作る
.... 058-061, 089-094, 100, 102-105, 109-110,
127-133, 142-143, 181-188, 210-215
映像サイズ 013, 019, 072, 117, 172, 180, 208
エクスプレッション 127-129, 142-143, 187-188
エフェクト 052-061, 064-065, 108, 139-141,
144-153, 159, 166, 171, 177, 187-188, 216-221
エフェクト＆プリセットパネル 014-015, 064
エフェクトコントロールパネル ... 014-015, 145, 148, 216
エフェクトにキーフレームを作成
.... 139-142, 146-147, 153, 219, 221
エンドクレジット 160-161
オニオンスキン 200
オフセット 139-141
親とリンク（親子関係） 137, 181-184, 209
音声ファイル 013, 116-119

か行

解像度 013, 026, 149, 233
回転の調整 030, 042, 049-051, 216

加算モード 146, 148, 220
カメラワーク 155-159
カラーバー表示 236-237
キーフレーム 032-040, 042-043, 047-051, 053-054,
057, 061, 065, 089-096, 100-106, 109-110, 123-142, 146-
147, 153, 157-161, 182-184, 219, 221
キーフレーム間の自動補間 126, 129-132, 134, 142
キーフレームの形状 043,127
キーフレームの作成 033, 037, 047, 049-051,
053-054, 058-061, 089-091, 093-094, 100, 102-103, 105,
109-110, 123-126, 129-134, 136, 138-142, 146-147, 153,
157-158, 160-161, 181-184, 219
キーフレームの停止
.... 048-049, 051, 126-127, 129-132, 134, 142
キーフレームの複製 050-051, 058-061, 089,
091-094, 096, 098, 100, 102-103, 105, 109-110, 131-134
軌道の調整 038-041, 056-057, 059,
087-088, 090-093, 099-100, 102, 104-105, 109
キャッシュの消去 149, 232
グラフエディター 035, 042-043, 056, 059-060,
095-096, 158
グラフの種類とオプションを選択 035
クリッピングマスク 071, 175, 217
現在の時間 032-034, 037, 041, 050, 053-054,
058, 086-090, 094, 098-99, 102-104, 107, 109, 122-123,
125-126, 133, 136-137, 216
高速ボックスブラー 152-153
コマ打ち 044, 047-051
コラップストランスフォーム 156-157, 159
コンポジション設定（新規）
.... 019-020, 072, 117, 154, 180, 208
コンポジション設定の変更 021, 083, 117, 156, 230-231
コンポジションパネル 014-015, 018, 026-028,
031-033, 037-039, 045, 057, 062, 072, 081, 090, 119,
149, 155-156, 224, 226, 228, 233, 235-237
コンポジションパネルの拡大表示 026

さ行

シーケンス 118, 120-123, 128, 130, 135
縦横比 019, 029-030, 083, 235
出力先設定 066-067, 113
出力モジュール設定 066-067, 113
乗算モード 174-175
初期設定 015, 111
新規コンポジション
.... 018-020, 072-079, 111, 117, 154, 180, 208
ズームアップ／ズームバック 157-159
ズームツール 026
スクリーンモード 202
スケールの調整 030, 045, 047-048, 081, 085,
097, 155, 157-158, 208, 216, 235
ストップウォッチマーク 033, 047, 053, 130, 136
選択したキーフレームをリニアに変換 036
選択ツール 027, 039-040
速度グラフを調整 035-037, 042, 056
速度の調整 034-037, 042-043, 056, 059-061, 095,

098, 104, 106, 137, 158-159, 213, 215, 219

素材の配置 ……………… 015, 024-025, 028, 030, 077, 079-085, 119, 121

素材の読み込み ……………… 013, 015, 022, 072-079, 116, 118, 120-121, 140, 180, 208, 227, 229, 237

た行

タイミングの調整 …… 046, 096, 098, 101, 103-104, 106, 110, 113, 126-127, 130, 135, 182-186, 188, 215

タイムラインパネル ……………… 014-015, 024-025, 028-029, 032-038, 041-046, 053, 055-056, 059, 064-066, 080-083, 086, 088, 090, 094-096, 103-108, 111-112, 117, 123, 144, 150, 152, 155, 217, 224-225, 228-231, 235

タイムリマップ ………… 122-127, 129-132, 134-135, 219

縦長HD ……………………………………………… 072, 208

調整レイヤー …………………… 152-153, 204, 220-221

頂点を切り替えツール ……………… 039-040, 059, 090

ツールパネル 014-015, 045, 052, 057, 059, 062, 090, 097

停止したキーフレームの切り替え
…………… 048-49, 051, 126-127, 129-132, 134, 142

テキストレイヤー ……………………………… 062-065

手のひらツール ………………………………………… 027

デュレーション ……………… 020, 046-047, 049, 111, 116-117, 122-123, 128, 211, 229, 230-231

デュレーションバー
…………… 046-047, 049, 122-123, 128, 230-231

デュレーションバーの拡大／縮小表示 ……………… 122

トラックマット ……………………………………… 217

トランスフォーム ……… 029, 033, 045, 081, 181, 188

な行

ネスト化 ……………………………… 154-155, 159, 188

は行

パース定規の作成 ……………………………………… 195

パペット位置ピンツール
…………… 052, 086-087, 097-099, 102, 104, 107, 109

パペット詳細ピンツール ……………………… 097-099

パペットピン ……… 052-058, 061, 086-092, 095-109, 113

ハンドル ……………………… 035-036, 039-041, 055-057, 059, 090-092, 100, 102-103, 105, 109-110

ピックウィップ（うずまき）マーク ………… 137, 181

ビットマップ画像 ……………………………………… 012

描画モード …………… 071, 138, 145, 148, 217, 220

ファイルの読み込み→素材の読み込みを参照

フェードイン／フェードアウト ……………… 160-161

複数ファイルの読み込み ………………… 022, 120

フッテージ …… 028, 073-075, 077, 140, 224-225, 237

フッテージパネル ……………………… 028, 224-225

不透明度の調整 ……………………… 130, 133-134, 138, 145, 147, 153, 160-161, 188, 203-204, 217, 220-221

ブラー（カメラレンズ） ……………………………… 220

ブラー（方向） ……………………………………… 150

フラクタルノイズ ……………………………………… 217

プリコンポーズ（プリコンポジション）
…………… 110-111, 153, 209, 211-212, 214-215

プリセット ……………… 015, 019, 062, 064-065, 072, 117

フレーム ……… 020, 124-126, 128-134, 136-142, 146-147, 153, 157-158, 160-161, 182-184, 186, 209, 211-215, 219

フレーム表示形式 ……………………………………… 124

フレームレート ……………… 019-020, 125, 180, 197, 234

プレビュー ……………………… 015, 034, 232-234

プレビュー解像度 ……………………………… 149, 233

プレビューパネル …………… 014-015, 034, 149, 233-234

プロジェクト設定 ……………………………………… 124

プロジェクトパネル ……… 014-015, 018, 021-025, 028, 046, 072-073, 076, 079-080, 084, 112, 116-117, 120, 140, 145, 148, 154, 180, 188, 208, 216, 224, 229

プロジェクトファイルの保存 …………… 025, 078, 121

平面レイヤー …………………… 144, 147, 217-218

ベクターレイヤー …………………… 195, 199-200

ベクトル画像 …………………………………………… 012

編集 ……………………………………………… 160-161

ペンツール …………………… 039, 057, 090, 220

ま行

マスクとシェイプのパスを表示 ………… 038, 045, 228

マスクの作成 ……… 174-175, 207, 216-217, 220

メッシュ ……………………………… 053, 107-108

モーションタイポグラフィ ……………………… 062-065

モーションタイル ……………………… 141, 216

モーションブラー ……………………………………… 151

文字ツール …………………………………… 062-063

文字を入力 …………………………………… 062-063

や行

横長HD …………………………………… 019, 117

読み込み設定 ……………………………… 073-079

ら行

ラスタライズ …………………………………………… 206

レイヤーオプション ……… 073-074, 077-078, 180

レイヤーの表示／非表示 ……… 031, 134, 136, 138

レイヤーバー …………… 135, 160, 209, 211-215, 219

レンダーキュー ……………………… 066-067, 112-113

レンダリング ……………… 066-067, 112-113, 221

レンダリング設定 ……………………… 066-067, 113

連番画像の配置 ……………………………… 118-121

わ行

ワークスペース ……………………………… 014-017

ワークスペースの初期化 ……………………… 016-017

大平幸輝 Kouki Ohira

アニメーション撮影監督を務めた後、
アニメーション制作スタジオ「STUDIOアカランタン」と、
教育支援事業会社「合同会社アカランタン」を設立し、両代表を務める。
オリジナルアニメーション作品の制作や発表を行うと共に、
アニメーション制作・コンポジット作業を日本のみならず海外からも請け負っている。
いくつかの作品に受賞歴あり。専門学校にて非常勤講師も勤める。
著書に『After Effects for アニメーション』シリーズ（ビー・エヌ・エヌ）がある。

After Effectsで動かす
2Dイラスト×アニメーション入門

2024年12月15日　　初版第1刷発行

著者	大平幸輝（Part1〜Part3） そゐち（Part4-1） 二反田こな（Part4-2）
デザイン	ナカムラグラフ（中村圭介・平田 賞）
作例制作	YOOKI、大平幸輝（Part1, Part2） 藤田亜耶乃、三浦阿佐美、大平幸輝（Part3） そゐち（Part4-1） 二反田こな（Part4-2）
音素材提供	OtoLogic（CC BY 4.0）
編集	松岡 優
発行人	上原哲郎
発行所	株式会社ビー・エヌ・エヌ 〒150-0022 東京都渋谷区恵比寿南一丁目20番6号 Fax：03-5725-1511 E-mail：info@bnn.co.jp https://bnn.co.jp/
印刷・製本	シナノ印刷株式会社

※本書の一部または全部について、個人で使用するほかは、
　株式会社ビー・エヌ・エヌおよび著作権者の承諾を得ずに無断で複写・複製することは禁じられております。
※本書の内容に関するお問い合わせは、弊社Webサイトから、またはお名前とご連絡先を明記のうえE-mailにてご連絡ください。
※乱丁本・落丁本はお取り替えいたします。
※定価はカバーに記載してあります。

© 2024 Kouki Ohira, sowiti, Cona Nitanda
Printed in Japan
ISBN978-4-8025-1292-3